目 次

ページ

まえがき

　この改正は，電気学会 特別高圧（11 kV ～ 500 kV）架橋ポリエチレンケーブルおよび接続部の高電圧試験法標準特別委員会において 2012 年 8 月に改正作業に着手し，慎重審議の結果，2015 年 7 月に成案を得て，2015 年 9 月 24 日に電気規格調査会規格委員総会の承認を経て制定した，電気学会 電気規格調査会標準規格である。これによって，**JEC-3408**：1997 は改正され，この規格に置き換えられた。

　この規格は，著作権法で保護対象となっている著作物である。

　この規格の一部が，特許権，出願公開後の特許出願又は実用新案権に抵触する可能性があることに注意を喚起する。電気規格調査会は，このような特許権，出願公開後の特許出願及び実用新案権に関わる確認について，責任をもつものではない。

特別高圧（11 kV ～ 500 kV）架橋ポリエチレン
ケーブル及び接続部の高電圧試験法

High voltage tests on cross-linked polyethylene insulated cables and their accessories for rated voltages from 11 kV up to 500 kV

序文

　この規格は，特別高圧（11 kV ～ 500 kV）における架橋ポリエチレンケーブル及びその接続部の高電圧試験法を規定した電気学会 電気規格調査会規格である。

　適用範囲を 275 kV までとした前回改訂（1997 年）より 15 年以上経過したことから，架橋ポリエチレンケーブルに関する最新の知見，海外規格を調査し，高電圧試験法の合理性を検討してこの規格へ取り込むとともに，現場適用実績が増加した 500 kV まで適用範囲を拡大して改正した。

1　適用範囲

　この規格は，公称電圧 11 kV ～ 500 kV の三相交流回路に使用する架橋ポリエチレンケーブル（以下，ケーブル）及びケーブル用接続部（以下，接続部）の高電圧試験に適用する。

　この規格で規定する高電圧試験法は，次に示す条件で使用されるケーブル及び接続部に適用するものとする。

1.1　使用環境

　製造上の品質管理が十分に行われ，水の影響がない環境下に布設されていること，又は，仕様が遮水層若しくは金属被付であることを前提とする。

　　注記　ケーブルの使用環境によって寿命指数（V-t 特性累積劣化則の n 値）は異なる。**JEC-3408：**
　　　　　1997 改訂時には，製造上の品質管理が十分に行われ，仕様が遮水層又は金属被付，若しくは
　　　　　水の影響がない環境下に布設されている場合のケーブルの n 値は 20 以上であることがわかり，
　　　　　実線路における不確定要素を考慮して十分に安全な評価となるよう n 値は 15 が採用されたた
　　　　　め [1], [2]，この規格でも n 値は 15 を前提とした。また，同様の判断から，テープ巻き式接続部
　　　　　の n 値は 12 を前提とした [2]。
　　注 [1]　IEEE "Development of 500-kV XLPE Cables and Accessories for Long Distance Underground
　　　　　Transmission Line - Part I : Insulation Design of Cables -" による。
　　注 [2]　電気協同研究「CV ケーブルおよび接続部の高電圧試験法」による。

1.2　使用年数

　30 年

1.3　導体許容温度

a)　常時　　90 ℃

b)　短時間　105 ℃

c)　瞬時　　230 ℃

　　注記　常時は「連続使用時」，短時間は「事故時などで事故線以外の線路に一時的に過負荷送電を必
　　　　　要とする場合」，瞬時は「系統の短絡又は地絡事故時」に適用するものである。

1.4 周波数

50 Hz 又は 60 Hz

2 引用規格

次に掲げる規格は，この規格の規定の一部を構成する。これらの引用規格は，記載の年の版を適用し，その後の改正版（追補を含む。）は適用しない。

JEC-0220：2009　標準電圧

JEC-0102：2010　試験電圧標準

JEC-0201：1988　交流電圧絶縁試験

JEC-0202：1994　インパルス電圧・電流試験一般

JEC-0401：1990　部分放電測定

JEC-3411：2008　20 kV 級 (22 kV，33 kV) 架橋ポリエチレンケーブルおよび接続部の試験法

JIS Z 8703：1983　試験場所の標準状態

JIS Z 9041：1999　データの統計的な解釈方法

JCS 0168-1：2004　33 kV 以下電力ケーブルの許容電流計算（第 1 部：計算式および定数）

JCS 0501：2014　66 kV 以上電力ケーブルの許容電流計算

3 用語及び定義

この規格で使用される主な用語の意味を以下に示す。

3.1 公称電圧

系統を代表する電圧（線間電圧で表す。）。

3.2 系統の最高電圧

系統に通常発生する最高の電圧（線間電圧で表す。）。

3.3 ケーブル最高電圧

ケーブルの絶縁設計に用いられる最高電圧（線間電圧で表す。）。

注記　系統の最高電圧及びケーブル最高電圧を**表 1**に示す。

表 1—最高電圧

単位　kV

公称電圧	500	275	220	187	154	110	77	66	33	22	11
系統の最高電圧	525 又は 550	287.5	230	195.5	161	115	80.5	69	34.5	23	11.5
ケーブル最高電圧	550	300	240	204	168	120	84	72	36	24	12

3.4 常規使用電圧

通常の運転下で系統に発生する電圧。

3.5 過電圧

系統のある地点の相－大地間，又は相間に発生する通常の運転電圧を超える電圧。

3.6 交流過電圧

負荷遮断，一線地絡によって発生する過電圧。

3.7 雷過電圧

直撃雷，逆フラッシオーバ，誘導雷などによって発生する過電圧。

3.8　開閉過電圧

遮断器，断路器などの開閉操作などによって発生する過電圧。

3.9　機器の対地雷インパルス試験電圧値

機器の主回路と大地間に雷インパルス電圧を印加し，機器が絶縁破壊を生じることなく耐えることを確認するための試験電圧値。

　　　注記　試験条件並びに雷インパルス電圧の波形は，**JEC-0202** 及び個々の機器規定による。

3.10　$V\text{-}t$ 特性

交流印加電圧（V）と絶縁破壊までの時間（t）との関係の総称。

3.11　有効試料長

試料試験に供するケーブル長のうち終端及び中間接続部の長さを除いたもの。

3.12　常温

JIS Z 8703 に定める常温（$20 \pm 15\,℃$）。

3.13　常温試験

導体温度を常温として行う試験。

3.14　高温試験

導体温度を 90 ℃（常時導体許容温度）以上として行う試験。

4　試験の目的

試験の目的としては大きく以下の二つがあげられる。

a)　ケーブル及び接続部が「常規使用電圧に 30 年間耐えること」及び「系統に発生しうる過電圧（交流過電圧，雷過電圧，開閉過電圧）に耐えること」を確認するために行うもの。

b)　ケーブル及び接続部の性能が製造時期によらず常に安定的に維持されていることを確認するために行うもの。

5　試験種別

ケーブル及び接続部の高電圧試験法は，以下に示す「開発試験」，「形式試験」，「受入試験」の 3 種類に区別する。なお，**図 1** にこれらの試験のフローを示す。

　　　注記　「開発試験」，「形式試験」，「受入試験」は，それぞれ国際規格である **IEC** における用語の Prequalification Test，Type Test，Routine Test に相当する（ただし，この規格は高電圧試験法に関するものであり，電気試験以外にも規定がなされている **IEC** 規格との違いに留意する必要がある）。

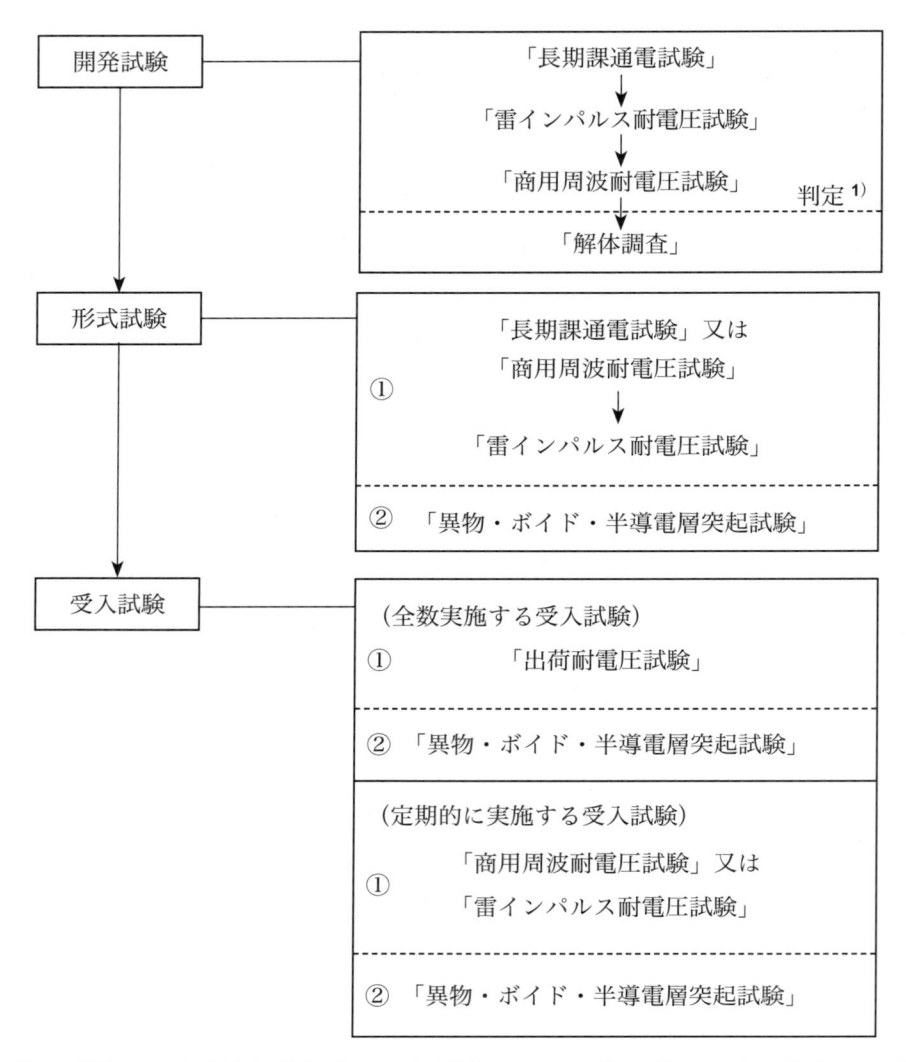

注記　①，②の試料は一連続絶縁体押出品より採取するが，②は①の試験を実施した試料から採取する必要はない。

注 1)　開発試験の合否は，商用周波耐電圧試験後に実施してよいこととし，解体調査の実施時期については**附属書 E** を参照すること。

図 1―ケーブル及び接続部の高電圧試験フロー

5.1　開発試験

　この試験は，開発品の設計・製造及び施工方法が，実用可能であることを実証するために行うものである。具体的には，開発品が実使用時に想定される熱機械的挙動（ヒートサイクル）の下で，所定の商用周波電圧に対する寿命を有することを 0.5 年以上の長期課通電試験によって検証するものである。

　また，試験終了時には，供試品が寿命に達しても系統上に発生しうる過電圧に耐えることを確認するために，雷インパルス耐電圧試験と商用周波耐電圧試験を行う。

　さらに，商用周波耐電圧試験後の供試品について，細部における劣化の兆候の有無を確認するため，解体調査を行う。なお，開発品によっては個別に試験方法を定めてもよいものとする。

　　　注記　ケーブル系統で発生する開閉過電圧は，緩波頭波インパルス電圧，減衰振動波電圧及び急しゅん波インパルス電圧として扱われており，これらに対するケーブル及び接続部構成材料の破壊

強度は，標準雷インパルス電圧と同等，又はそれ以上である。また，ケーブル系統に発生する開閉過電圧の大きさはすべての電圧階級で **JEC-0102** の機器の対地雷インパルス試験電圧値の50 ～ 69 ％であり，開閉過電圧の繰返し課電による影響についても，繰返し課電後の商用周波破壊特性データの調査結果から，影響がないことがわかっている。したがって，形式試験も含めて開閉過電圧に対する検証は，雷インパルス耐電圧試験で検証可能であり，行わなくてもよいものとした。

5.2　形式試験

この試験は，ある形式製品の設計・製造及び施工方法を認定するために行うものである。具体的には，ある形式製品が所定の商用周波電圧に対する寿命を有することを，30 日間の長期課通電試験，又は 1 時間の商用周波耐電圧試験によって検証するものであり，そのどちらかにて検証を行えばよいこととする。なお，どちらの試験にて検証を行うかについては，当事者間の協議によるものとする。

また，試験終了時には，供試品が寿命に達しても系統上に発生しうる過電圧に耐えることを確認するために雷インパルス耐電圧試験を行う。

さらに，供試品の品質レベルを異物・ボイド・半導電層突起試験で詳細に調査し，ケーブルの品質が適正な管理範囲であることを確認する。

なお，接続部については施工方法が品質に与える影響が大きいため，現地環境を模擬して組み立てた試料で試験を行う。

注記 1　試験の合理化を目的に，形式試験においては長期課通電試験，又は商用周波耐電圧試験のどちらかを行えばよいこととした。

注記 2　交流過電圧に対する検証は，長期課通電試験又は商用周波耐電圧試験にて検証できることから行わないこととした。

5.3　受入試験

この試験は，出荷製品（ケーブル及び試験可能な接続部）が形式試験供試品と同等の製造・品質管理状態であることを確認するために行うものである。具体的には，出荷製品が交流過電圧に耐えることを出荷耐電圧試験によって検証するもので，部分放電測定を併用するものとする。また，出荷製品が安定的に製造されていることを確認するために，出荷製品の品質レベルを異物・ボイド・半導電層突起試験にて調査する。

さらに，形式認定された製品の性能が，形式認定以降も安定して維持されていることを詳細に確認するため，定期的に耐電圧試験及び異物・ボイド・半導電層突起試験を行う。ただし，実施の必要性，実施する場合の頻度及び実施内容については，当事者間の協議によるものとする。

注記 1　出荷耐電圧試験では，ケーブルの長さやサイズごとに標準雷インパルス波形を作ることが困難であることから，雷インパルス耐電圧試験は採用せず従来どおりの商用周波による試験とし，実使用時に想定される実系統の交流過電圧に耐えることを確認することとした。

注記 2　定期的に実施する受入試験では，商用周波耐電圧と雷インパルス耐電圧試験のうち，絶縁設計上より厳しい側の試験のみを実施すればよいこととした。

6　開発試験

6.1　長期課通電試験

6.1.1　試料

特に規定しないが，開発品に応じて試験を行うに十分な長さ，数量とする。

なお，接続部については実際の現地環境を模擬した条件で組み立てるものとする。

6.1.2　試験条件

a)　試験電圧の周波数及び波形

　　JEC-0201 の **4.4** による。

b)　ヒートサイクル

　　通電により，8時間オン/16時間オフの1日1回のヒートサイクルを行う。導体到達温度は常時導体許容温度である90℃，又は短時間導体許容温度である105℃とする。また，導体温度は試料の熱的に最も厳しくなる箇所で管理する。ヒートサイクル条件の詳細は**附属書A**による。

6.1.3　試験期間

　　試験期間は0.5年以上とする。ただし，電圧印加を中断した場合は引き続いて残り時間分の試験を行う（**附属書B**による。）。

6.1.4　試験電圧値

　　試験電圧値は**表2**のとおりとする。なお，試験電圧値の算出については**附属書B**による。

表2—長期課通電試験電圧値（開発試験）

単位　kV

公称電圧	500	275	220	187	154	110	77	66	33	22	11
ケーブル最高電圧	550	300	240	204	168	120	84	72	36	24	12
試験電圧値 （試験期間0.5年の場合）	420	230	185	155	130	95 (100)	65 (70)	55 (60)	30 (30)	20 (20)	10 (10)

注記　試験電圧値の（ ）内の数字は，テープ巻き式接続部の場合の試験電圧値を示す。

6.1.5　記録する項目

　　課電電圧値，通電電流，指定部位の温度を記録する。温度の記録については**附属書A**による。

6.1.6　判定

　　以上の試験において，試料は絶縁破壊を起こしてはならない。

6.2　雷インパルス耐電圧試験

6.2.1　試料

　　試料は**6.1**の試験を終了した試料から次のとおりに供試する。

　　ケーブル：有効試料長　6 m以上

　　接続部　：1試料以上

6.2.2　試験条件

a)　試験電圧の波形

　　JEC-0202 に規定されている標準雷インパルス電圧とする。ただし，試験設備の関係で標準波頭長が得られない場合は，波頭長について0.5〜5 μsまでの波形裕度を認める。

b)　試験時の温度

　　常温試験又は高温試験とする。

6.2.3　試験電圧値

　　試験電圧値は**表3**のとおりとする。なお，試験電圧値の算出については**附属書C**による。

表3―雷インパルス耐電圧試験値

単位　kV

公称電圧		500	275	220	187	154	110	77	66	33	22	11
機器の対地雷インパルス試験電圧値		1 425	1 050	900	750	750	550	400	350	200	150	90
試験電圧値	常温試験	1 960	1 445	1 240	1 035	1 035	760	550	485	275	210	125
	高温試験	1 570	1 155	990	825	825	605	440	385	220	165	100

注記　機器の対地雷インパルス試験電圧値は，系統の絶縁協調を考慮して **JEC-0102** に規定されている他の値を採用してもよい。また，その際のケーブルの雷インパルス耐電圧試験値の計算方法は**附属書C**による。

6.2.4　試験電圧の極性及び印加回数

正負の両極性とし，印加回数は各3回とする。

6.2.5　判定

以上の試験において，試料は絶縁破壊を起こしてはならない。ただし，終端接続部においてがい管表面又は試験用ケース内でフラッシオーバした場合は，なんらかの処理を行って再試験を行うことができる。なお，再試験はフラッシオーバ前の印加回数の残りの回数を行えばよい。

6.3　商用周波耐電圧試験

6.3.1　試料

試料は **6.2** の試験を終了した試料から次のとおりに供試する。

ケーブル：有効試料長6 m 以上

接続部　：1試料以上

6.3.2　試験条件

a)　試験電圧の周波数及び波形

　　JEC-0201 の **4.4** による。

b)　試験時の温度

　　常温試験又は高温試験とする。

6.3.3　試験時間

試験時間は10分間とする。

6.3.4　試験電圧値

試験電圧値は**表4**のとおりとする。なお，試験電圧値の算出については**附属書D**による。

表4―商用周波耐電圧試験値（開発試験）

単位　kV

公称電圧		500	275	220	187	154	110	77	66	33	22	11
ケーブル最高電圧		550	300	240	204	168	120	84	72	36	24	12
試験電圧値	常温試験	435	275	220	190	175	125	90	75	40	25	15
	高温試験	360	230	185	155	145	105	75	65	35	20	10

注記　**JEC-3411** に定められている20 kV 級ケーブルは，**JEC-3411** による耐電圧試験値並びに試験時間を採用してもよい。

6.3.5　判定

以上の試験において，試料は絶縁破壊を起こしてはならない。

6.4　解体調査

この試験は **6.1** 〜 **6.3** の試験を実施した試料に対し，内部での電気トリーや部分放電痕跡などの劣化兆候の有無を確認する目的で実施するものであり，実施方法については**附属書E**による。

7 形式試験

7.1 長期課通電試験

7.1.1 試料

ケーブル：有効試料長 6 m 以上

接続部[1]：1 試料

注[1] 実際の現地環境を模擬して組み立てた試料とする。

7.1.2 試験条件

a) 試験電圧の周波数及び波形

JEC-0201 の **4.4** による。

b) ヒートサイクル

通電により，8 時間オン /16 時間オフの 1 日 1 回のヒートサイクルを行う。導体到達温度は常時導体許容温度である 90℃，又は短時間導体許容温度である 105 ℃とする。また，導体温度は試料の熱的に最も厳しくなる箇所で管理する。ヒートサイクル条件の詳細は**附属書 A** による。

7.1.3 試験期間

試験期間は 30 日とする。ただし，電圧印加を中断した場合は引き続いて残り時間分の試験を行う（**附属書 B** による。）。

7.1.4 試験電圧値

試験電圧値は**表 5** のとおりとする。なお，テープ巻き式接続部の試験電圧値はケーブル及び他の接続部に比べて高くなるが，試験の運用上これらを組み合せて試験を行う場合は，テープ巻き式接続部にあわせて行うものとする。なお，試験電圧値の算出については**附属書 B** による。

表 5—長期課通電試験電圧値（形式試験）

単位　kV

公称電圧	500	275	220	187	154	110	77	66	33	22	11
ケーブル最高電圧	550	300	240	204	168	120	84	72	36	24	12
試験電圧値	470	260	205	175	145	105 (115)	75 (80)	65 (70)	30 (35)	20 (25)	10 (15)

注記　試験電圧値の（　）内の数字は，テープ巻き式接続部の場合の試験電圧値を示す。

7.1.5 記録する項目

課電電圧値，通電電流，指定部位の温度を記録する。温度の記録については**附属書 A** による。

7.1.6 判定

以上の試験において，試料は絶縁破壊を起こしてはならない。

7.2 商用周波耐電圧試験

7.2.1 試料

ケーブル：有効試料長 6 m 以上

接続部[1]：1 試料

注[1] 実際の現地環境を模擬して組み立てた試料とする。

7.2.2 試験条件

a) 試験電圧の周波数及び波形

JEC-0201 の **4.4** による。

b) 試験時の温度

常温試験又は高温試験とする。

7.2.3 試験時間

試験時間は1時間とする。ただし，電圧印加を中断した場合は引き続いて残り時間分の試験を行う（**附属書B**による。）。

注記 実績及び簡便さを考慮して1時間とした。

7.2.4 試験電圧値

試験電圧値は**表6**のとおりとする。なお，テープ巻き式接続部の試験電圧値はケーブル及び他の接続部に比べて高くなるが，試験の運用上これらを組み合せて試験を行う場合は，テープ巻き式接続部にあわせて行うものとする。試験電圧値の算出については**附属書D**による。

表6—商用周波耐電圧試験値（形式試験）

単位　kV

公称電圧		500	275	220	187	154	110	77	66	33	22	11
ケーブル最高電圧		550	300	240	204	168	120	84	72	36	24	12
試験電圧値	常温試験	965	525	420	360	295	210 (260)	150 (185)	130 (155)	65 (80)	45 (55)	25 (25)
	高温試験	805	440	350	300	245	175 (215)	125 (150)	105 (130)	55 (65)	35 (45)	20 (25)
注記 試験電圧値の（　）内の数値は，テープ巻き式接続部の場合の試験電圧値を示す。												

7.2.5 判定

以上の試験において，試料は絶縁破壊を起こしてはならない。

7.3 雷インパルス耐電圧試験

6.2の雷インパルス耐電圧試験と同じとする。ただし，試料は**7.1**又は**7.2**の試験を終了した試料から次のとおり供試する。

ケーブル：有効試料長6m以上

接続部　：1試料

7.4 異物・ボイド・半導電層突起試験

7.4.1 試験条件

この試験は常温で行う。

注記 試料に物理的な変形及び化学的な変質を生じさせないよう試験環境に配慮すること。

7.4.2 試料採取方法

一連続絶縁体押出品の両端及び中間の任意の3箇所の計5箇所から，試料として1箇所あたり連続20枚のスライス片を採取する。スライス片1枚あたりの厚さは作業性を考慮して任意とするが，スライス片1枚あたりの検査厚さは0.5 ± 0.25 mmとする。なお，一連続絶縁体押出長については当事者間の協議によって決定することとする。試料の採取方法については**附属書F**による。

7.4.3 観察方法

a) アルコールなどで試料表面を拭き取る。なお，表面の傷の影響を除去するためにオイルなどを塗布してもよい。

b) 適切な倍率の顕微鏡によって，スライスごとに異物・ボイド・半導電層突起それぞれの最大値を測定する。

注記 スライスごとのボイド・異物・半導電層突起の最大値の測定については，透過光では投影部の一番長い部分，反射光では反射形状の一番長い部分について測定を行うこと。

7.4.4 判定

以上の試験において，当事者間の協議によって定めた許容値を超えるものがあってはならない。なお，許容値の詳細については**附属書 G** による。

> 注記 1　この試験はケーブルのみを対象としたものであり，接続部の異物・ボイド・半導電層突起試験については例を**附属書 H** に示す。
>
> 注記 2　統計的手法による判定の考え方を**附属書 F** に示す。

8　受入試験

8.1　出荷耐電圧試験

8.1.1　試料

ケーブルは出荷製品全数とする。なお，当事者間の協議によって，出荷製品長さに切り分けない状態で試験を行ってもよい。

接続部は試験可能な接続部品を対象とし，対象部品及び試験方法については当事者間の協議によるものとする。

8.1.2　試験条件

a)　試験電圧の周波数及び波形

　　JEC-0201 の **4.4** による。

b)　試験時の温度

　　試料の導体温度は常温以上とする。

> 注記　近年の気象変化を考慮し，試験時に常温を超える場合には製造者と使用者との事前合意を前提にその温度での試験実施を可とする。ただし，試験機器・測定器については，校正を含め当該機器・測定器の適用温度範囲内で使用すること。

c)　部分放電測定

　　耐電圧試験中に部分放電測定を同時に行う。

　1)　測定方法　**JEC-0401** による。

　2)　検出感度 [1]　5 pC 以上の部分放電を検出できるものとする。

　　注 [1]　現在のノイズ抑制レベルより 5 pC とした。

8.1.3　試験時間

試験時間は 10 分間とする。

8.1.4　試験電圧値

試験電圧値は**表 7** のとおりとする。なお，試験電圧値の算出については**附属書 I** による。

表 7—出荷耐電圧試験値

単位　kV

公称電圧	500	275	220	187	154	110	77	66	33	22	11
ケーブル最高電圧	550	300	240	204	168	120	84	72	36	24	12
試験電圧値	470	300	240	205	190	135	95	85	45	30	15

8.1.5　判定

以上の試験において，試料は部分放電が検出されずかつ絶縁破壊を起こしてはならない。

> 注記　33 kV 以下の出荷製品に対しては，実績も多いことから試料，試験条件及び試験電圧については当事者間の協議によって決定してもよいこととする。

8.2　異物・ボイド・半導電層突起試験

8.2.1　試験条件

この試験は常温で行う。

注記　試料に物理的な変形及び化学的な変質を生じさせないよう試験環境に配慮すること。

8.2.2　試料採取方法

一連続絶縁体押出品の両端計 2 箇所から，試料として 1 箇所あたり連続 20 枚のスライス片を採取する。スライス片 1 枚あたりの厚さは作業性を考慮して任意とするが，スライス片 1 枚あたりの検査厚さは 0.5 ± 0.25 mm とする。試料の採取方法については**附属書 F** による。

8.2.3　観察方法

a)　アルコールなどで試料表面を拭き取る。なお，表面の傷の影響を除去するためオイルなどを塗布してもよい。

b)　適切な倍率の顕微鏡によって，スライスごとに異物・ボイド・半導電層突起を観察する。

8.2.4　判定

以上の試験において，当事者間の協議によって定めた許容値を超えるものがあってはならない。なお，許容値の詳細については**附属書 G** による。

注記 1　この試験はケーブルのみを対象としたものであり，接続部の異物・ボイド・半導電層突起試験については例を**附属書 H** に示す。

注記 2　統計的手法による判定の考え方を**附属書 F** に示す。

8.3　定期的に実施する受入試験

8.3.1　耐電圧試験

当事者間の協議によって **7.2** の商用周波耐電圧試験又は **7.3** の雷インパルス耐電圧試験を行うこととし，試料[1] は次のとおりとする。

ケーブル：有効試料長 6 m 以上

接続部[2]：1 試料

注[1]　長期課通電試験又は商用周波耐電圧試験を終了した試料から供試する必要はない。

注[2]　現地環境を模擬して組み立てた試料とする。

8.3.2　異物・ボイド・半導電層突起試験

8.3.2.1　試験条件

この試験は常温で行う。

注記　試料に物理的な変形及び化学的な変質を生じさせないよう試験環境に配慮すること。

8.3.2.2　試料採取方法

一連続絶縁体押出品の両端計 2 箇所から，試料として 1 箇所あたり連続 20 枚のスライス片を採取する。スライス片 1 枚あたりの厚さは作業性を考慮して任意とするが，スライス片 1 枚あたりの検査厚さは 0.5 ± 0.25 mm とする。試料の採取方法については**附属書 F** による。

8.3.2.3　観察方法

a)　アルコールなどで試料表面を拭き取る。なお，表面の傷の影響を除去するためオイルなどを塗布してもよい。

b)　適切な倍率の顕微鏡によって，スライスごとに異物・ボイド・半導電層突起それぞれの最大値を測定する。

8.3.2.4 判定

以上の試験において，当事者間の協議によって定めた許容値を超えるものがあってはならない。なお，許容値の詳細については**附属書 G** による。

注記1　この試験はケーブルのみを対象としたものであり，接続部の異物・ボイド・半導電層突起試験については例を**附属書 H** に示す。

注記2　統計的手法による判定の考え方を**附属書 F** に示す。

附属書 A
（規定）
ヒートサイクル

A.1 温度規定

ヒートサイクル条件については，導体到達温度又は導体温度差を規定する必要があるが，一般には高温状態のほうが絶縁性能の低下がみられるので，ここでは導体到達温度規定とした。しかし，設計面で導体温度差の制約を受ける製品については，導体温度差も考慮したヒートサイクル条件とする必要がある。

A.2 導体到達温度が短時間導体許容温度となるヒートサイクル回数

導体到達温度が短時間導体許容温度となるヒートサイクル回数 N は次式により求める。

$$N = \frac{t_1}{t_2}$$

ここに，N：導体到達温度が短時間導体許容温度となるヒートサイクル回数

t_1：試験期間中に短時間過負荷状態（常時導体許容温度 90 ℃を超え，かつ短時間導体許容温度 105 ℃以下の状態）とする時間の合計（時間）

例 使用年数 30 年に対して短時間過負荷状態の許容累積時間を 3 600 時間以下とした場合の t_1 は次式により求める。

$$t_1 = t_{\text{term}} \times 3\,600 / 30$$

ここに，t_{term}：長期試験期間（年）

t_2：1 ヒートサイクル中の 90℃を超えている時間（**図 A.1** 参照）

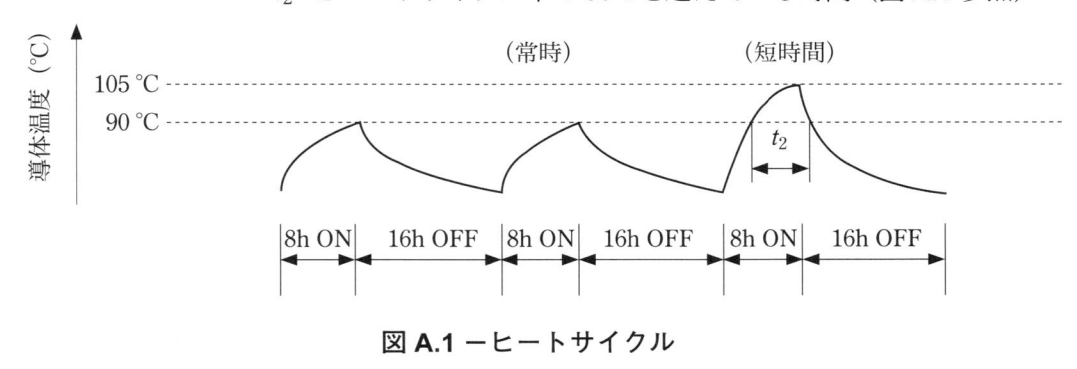

図 A.1 －ヒートサイクル

A.3 温度の記録

課電状態で導体温度を直接測定することは困難なため，別試料で導体温度を測定する。又は **JCS 0168-1**，若しくは **JCS 0501** などで導体温度を理論的に推定できる部位の温度を測定する。

附属書 B

（参考）

長期課通電試験

B.1 試験電圧値の決定（開発試験 6.1.4）

ケーブル及び接続部の $V-t$ 特性を整理すると，$V^n \times t =$ 一定（n 乗則，n：寿命指数）の関係が得られる。したがって，n 値が決まれば短時間（数時間～数年）での破壊電圧から常規使用電圧での寿命を推定できる。そこで，わが国では n 乗則を用いて，ケーブル最高電圧と使用年数 30 年及び試験期間から，以下のとおり試験電圧値 U_T (kV) を決定している。

$$U_T = \frac{E_0}{\sqrt{3}} \times K_1 \quad\cdots\cdots\cdots\cdots\cdots\cdots\cdots\cdots\cdots\cdots\cdots\cdots\cdots\cdots\cdots \text{(B.1)}$$

ここに，E_0：ケーブル最高電圧 (kV)

$$K_1：劣化係数 \quad K_1 = \left(\frac{t_{app}}{t_{term}}\right)^{\frac{1}{n}}$$

t_{app} ：使用年数（年）

t_{term} ：長期試験期間（年）

n ：寿命指数

JEC-3408：1997 より前の規格（**JEC-208**：1980 及び **JEC-209**：1980）ではケーブル及び接続部の n 値として 9 を採用していた。しかし，**JEC-3408**：1997 の改訂時には，製造上の品質管理が十分行われ，仕様が遮水層又は金属被付，若しくは水の影響がない環境下に布設されたケーブルの n 値は 20 以上であることがわかったため，実線路での不確定要素を考慮し十分な安全サイドから n 値に 15 を採用した。また，同様の判断からテープ巻き式接続部の n 値には 12 を採用しており，この改正においてもこれらを踏襲することとした。

実使用時に想定される熱機械的挙動の下での性能を検証するため，常規使用電圧に近く長期間の試験を行うことが望ましいが，運用面及び実績を考慮して季節変動を含めた試験期間は 0.5 年以上とした。したがって，劣化係数 K_1 は次のとおりとなる。

$$K_1 = \left(\frac{30\ 年}{0.5\ 年}\right)^{\frac{1}{15}} = 1.32$$

試験期間 0.5 年の場合の試験電圧値を本文の**表 2** に示す。試験期間が異なる場合は上記より同様にして決定する。なお，テープ巻き式接続部で試験期間 0.5 年の場合，劣化係数 K_1 は次の値を用いる。

$$K_1 = \left(\frac{30\ 年}{0.5\ 年}\right)^{\frac{1}{12}} = 1.41$$

このため試験電圧値はケーブル及び他の接続部に比べて高くなる場合があるが，試験の運用上これらを組み合せて試験を行う場合は，テープ巻き式接続部にあわせて行うものとする。

また，実使用時には負荷変動などに伴う温度変化により絶縁体の膨張・収縮が生じることから，試験はヒートサイクルを加えた状態で行うこととした。

B.2　試験電圧値の決定（形式試験 7.1.4）

　形式試験における長期課通電試験電圧の決め方は上記と同様の考え方であるが，試験期間を 30 日間とし，式（B.1）により決定する。このとき，劣化係数 K_1 は次のようになる。

a）　$n = 15$ の場合

$$K_1 = \left(\frac{30 \text{ 年} \times 365 \text{ 日}}{30 \text{ 日}} \right)^{\frac{1}{15}} = 1.48$$

b）　$n = 12$ の場合

$$K_1 = \left(\frac{30 \text{ 年} \times 365 \text{ 日}}{30 \text{ 日}} \right)^{\frac{1}{12}} = 1.64$$

B.3　電圧印加を中断した場合の取扱い

　試験電圧値を決める V-t 特性には累積劣化則が成り立つと考えられているので，引き続いて課電を再開し，その合計時間で評価すればよいこととした。

附属書 C

（参考）

雷インパルス耐電圧試験

C.1　試験電圧の波頭長

　JEC-0202 における標準雷インパルス電圧の波頭長は 1.2 µs（±30 %）であるが，試料の静電容量が大きく電圧が比較的高い場合には，試験設備の関係で標準波頭長が得られないこともある。したがって，雷インパルス電圧波頭長に関して 0.5 ～ 5 µs までの波形裕度を認めることとした。

C.2　雷インパルス耐電圧試験によって検証する絶縁強度

　絶縁協調において，どの機器でも同じ値を雷インパルス絶縁強度とする考え方は変わりつつあり，それぞれの機器において使用条件から検証レベルを設定すべきであるとの考え方が支配的になりつつある。一方，ケーブル系統内に侵入する雷サージ電圧は雷撃条件や回数条件によって著しく相違し，一義的には決められない。また，わが国の各種規格における雷インパルス試験電圧値は**表 C.1** に示す **JEC-0102** の機器の対地雷インパルス試験電圧値を基準として選定されているため，系統の主要機器である変圧器の雷インパルス試験電圧値との均衡並びに系統の絶縁協調を考慮し，**JEC-0102** の機器の対地雷インパルス試験電圧値をもって布設後におけるケーブル系統の雷インパルス試験電圧値を決定している。機器の対地雷インパルス試験電圧値は，**表 C.1** のとおり各公称電圧において複数立てとなっているが，試験電圧値を一本化することによりケーブル絶縁厚の統一化が図れるメリットがある。したがって，ケーブル系統における対地雷インパルス試験電圧値を求めるために使用する機器の対地雷インパルス試験電圧値として，**表 C.1** の最大値を採用した。ただし，当該公称電圧の系統構成や避雷器の特性によっては，より大きな対地雷インパルス試験電圧値を採用する必要がある。

　ここで，公称電圧 500 kV のケーブル系統における機器の対地雷インパルス試験電圧値は，EMTP 解析により，国内 500 kV 変電所モデルを用いて解析を行った結果[1]，最も過酷条件において発生した雷サージは GIS 端で 1 404 kV であったことから，1 425 kV[2] とした。

　　注 [1]　電気協同研究「絶縁設計の合理化」による変電所内母線長，雷撃電流，雷撃鉄塔，避雷器特性をパラメータとした解析。

　　注 [2]　国内長距離地中送電線路においても実績のある値。

表 C.1—JEC-0102 に基づく機器の対地雷インパルス試験電圧値

単位 kV

公称電圧	500	275	220	187	154	110	77	66	33	22	11
機器の対地雷インパルス試験電圧値	1 800	1 050	900	750	750	550	400	350	200	150	90
	1 550	950	750	650	650	450	325	250	170	125	75
	1 425									150	
	1 300									100	
										75	

注記　機器の対地雷インパルス試験電圧値として採用した値を □ により示した。

C.3　試験電圧値の決定 (6.2, 7.3)

試験電圧値 U_T (kV) は，**C.2** の機器の対地雷インパルス試験電圧値を用いて次式により求め，結果を 5 kV 単位で切り上げた。

$$U_T = V_{imp} \times K_2' \times K_3'$$

ここに，V_{imp}：**JEC-0102** の機器の対地雷インパルス試験電圧値 (kV)

K_2'：温度係数 [1] (1.25)

K_3'：裕度（1.1）

注 [1]　温度係数 K_2' は常温と常時導体許容温度 90 ℃での破壊電圧の比より 25％を見込んだ。ただし，高温試験の場合は考慮しない。

C.4　試験電圧の極性

JEC-0102 にあわせて正負の両極性とした。

なお，電力中央研究所総合報告「発変電所および地中送電線の耐雷設計ガイド（2011 年改訂版）第 II 編第 1 章耐雷設計に関わる雷現象 1-1 夏季雷と冬季雷」の第 II-1-1 表に，夏季雷は 95％が負極性，冬季雷は 30％が正極性と報告されている。

C.5　電圧印加回数

試験電圧は繰返し課電による影響がない電界領域であることから，実績及び **JEC-0102** にあわせて 3 回とした。

C.6　再試験について

気中終端接続部及び機器直結形終端接続部においては，がい管表面又は試験用ケース内でフラッシオーバする場合がある。これは，がい管の選択は主に汚損を考えた外部条件によって行われ，また機器寸法は機器自体の絶縁協調から決定されているためである。よって，がい管表面又は試験用ケース内でフラッシオーバした場合に不合格とすることは上記の理由で適当ではないため，再試験を行うことができ，残りの印加回数を実施すればよいこととした。

附属書 D

（参考）

商用周波耐電圧試験

D.1　商用周波耐電圧試験（開発試験 6.3）

D.1.1　試験電圧の考え方

開発試験の試験系列における商用周波耐電圧試験は，交流過電圧にも耐えられることを確認する目的で実施されているものである。

この規格は従来（改正前）と同様に，この交流過電圧を，$V\text{-}t$ 特性の n 乗則を用いて試験時間 10 分に換算した試験電圧を採用することとした。

一方，2008 年に 20 kV 級架橋ポリエチレンケーブルの試験法を定めた **JEC-3411** が制定され，$V\text{-}t$ 特性の n 乗則によらない試験電圧が新たに採用された。この規格では，**JEC-3411** との整合を図るため 20 kV 級ケーブルに限り，$V\text{-}t$ 特性の n 乗則によらない試験電圧（試験時間 1 分）を認めることとした。

D.1.2　試験時間

実績を考慮して 10 分間とした。

D.1.3　試験電圧値の決定

試験電圧値 U_T (kV) は次式により求めた。

$$U_T = E_0 \times C_0 \times K_2 \times K_3 \quad\cdots\cdots\cdots\cdots\cdots\cdots\cdots\cdots\cdots\cdots\cdots\cdots\cdots\cdots\cdots\cdots\cdots\cdots \text{(D.1)}$$

ここに，E_0　：ケーブル最高電圧 (kV)

C_0[1]：商用周波耐電圧試験倍数（**表 D.1**）

K_2[2]：温度係数（1.2）

K_3　：裕度（1.1）

ただし，［非有効接地系の場合］$C_0 = k_1 \times k_2$

［有効接地系の場合］　$C_0 = k_2' \times k_3$

k_1：一線地絡時の健全相の電圧上昇倍数

k_2：非有効接地系における時間換算係数

k_2'：有効接地系における時間換算係数

k_3：負荷遮断時の電圧上昇倍数

注記　試験電圧値は，計算結果をすべて 5 kV 単位で切り上げた値を採用することとした。

注 [1]　商用周波耐電圧試験倍数 C_0 は次のとおりに決定することとした。

   a)　非有効接地系：一線地絡時の健全相の電圧上昇倍数 k_1 を考慮することとした。

   b)　275 kV 以下の有効接地系：負荷遮断単独の場合の電圧上昇倍数 k_3 が一線地絡単独，また一線地絡と負荷遮断が重畳した場合よりも大きいため，これを考慮することとした。

   c)　500 kV の有効接地系：新たに解析モデル系統を構築し，EMTP などの過渡現象解析プログラムを用いてこのモデル系統で発生する過電圧の解析を実施した結果を基に決定した。考え方については，**附属書 J** に示す。

注 [2]　温度係数 K_2 は常温と常時導体許容温度 90 ℃での破壊電圧の比より 20％を見込んだ。ただし，高温試験の場合は考慮しない。

表 D.1 －商用周波耐電圧試験倍数

公称電圧　　　　kV	500	275	220	187	154	110	77	66	33	22	11
中性点接地方式	有効接地				非有効接地						
一線地絡時の健全相の電圧上昇倍数 k_1	－		－		$2.0/\sqrt{3}$						
非有効接地系における時間換算係数 k_2	－		－		0.68 [a]						
有効接地系における時間換算係数 k_2'	0.68 [c]		0.67 [b]		－						
負荷遮断時の電圧上昇倍数 k_3	$1.51/\sqrt{3}$		$1.79/\sqrt{3}$		－						
商用周波耐電圧倍数 C_0	$1.03/\sqrt{3}$		$1.20/\sqrt{3}$		$1.36/\sqrt{3}$						

注記 1　275 kV 以下の係数に関しては，電気学会技術報告「ケーブル系統における過電圧と評価」2 章，3 章を参照されたい。500 kV に関しては，この改正にあたり新たに過電圧解析を行い決定した（**附属書 J**）。

注記 2　過電圧継続時間の時間換算係数は，V-t 特性の n 乗則を用いて，過電圧持続時間 t_{OC} を耐電圧試験時間 t_{WT} に換算して求める。

$$k_2 \text{ 又は } k_2' = \left(\frac{t_{OC}}{t_{WT}} \right)^{\frac{1}{n}}$$

注 [a]　非有効接地系の場合の時間換算係数 k_2：過電圧継続時間 $t_{OC} = 2.0$ 秒，$t_{WT} = 10$ 分（600 秒），$n = 15$ より，

$$k_2 = \left(\frac{2.0}{600} \right)^{\frac{1}{15}} = 0.68$$

となる。また，テープ巻き式接続部の n 値は 12 を用いるため，時間換算係数は次のとおりとなる。

$$k_2 = \left(\frac{2.0}{600} \right)^{\frac{1}{12}} = 0.62$$

このため，テープ巻き式接続部の試験電圧値はケーブル及び他の接続部に比べて小さくなるが，試験の運用上これらを組み合わせて試験を行う場合は，ケーブル及び他の接続部にあわせて行うものとする。

注 [b]　275 kV 以下有効接地系の場合の時間換算係数 k_2'：非有効接地系の場合と同様にして，時間換算係数を求めた。ただし，負荷遮断の継続時間は最大で 1 秒とすれば十分であるが，275 kV 系統の解析結果によると負荷遮断時には波高値が大きい脈動性過電圧（0.05 秒）に引き続いて波高値が低い持続性過電圧（0.95 秒）が生じるため，次のとおりに脈動性過電圧の持続時間を持続性過電圧の持続時間に換算し，等価的な持続性過電圧の持続時間を採用した。

$$t_5 = \left(\frac{V_2}{V_1} \right)^n \times t_3 = 0.48 \text{ 秒}$$

$$t_6 = t_4 + t_5 = 1.43 \text{ 秒}$$

　　ここに，t_3 ：脈動性過電圧の持続時間（0.05 秒）

　　　　　t_4 ：持続性過電圧の持続時間（0.95 秒）

　　　　　t_5 ：脈動性過電圧を持続性過電圧に換算した時間（秒）

　　　　　t_6 ：等価的な持続性過電圧の持続時間（秒）

　　　　　n ：寿命指数 (15)

　　　　　V_1 ：持続性過電圧 (1.79 p.u.)

　　　　　V_2 ：脈動性過電圧 (2.08 p.u.)

そこで，有効接地系の場合の時間換算係数は，耐電圧試験時間 t_{WT}（10 分）で換算して次のとおりとなる。

$$k_2' = \left(\frac{t_6}{t_{WT}} \right)^{\frac{1}{n}} = \left(\frac{1.43}{600} \right)^{\frac{1}{15}} = 0.67$$

注 [c]　500 kV 有効接地系の場合の時間換算係数 k_2'：新たに解析モデル系統を構築し，EMTP などの過渡現象解析プログラムを用いてこのモデル系統で負荷遮断時に発生する過電圧を解析し，得られた過電圧波形より時間換算係数を求めた。解析結果によると，二つのピークをもつ過電圧が発生することがわかったため，包絡線のピークを含む矩形で近似することとした。あわせて，発電機端遮断器開放から過電圧が 1 p.u. を超えなくなるまでの区間の包絡線は自然対数で近似することとした。各区間で得られた過電圧の持続時間を，最初のピークで発生した過電圧の持続時間に換算して合算することで，等価的な過電圧の持続時間を得た。

$$t_{\text{total}} = t_{500-A} + t_{500-B}' + t_{500-C}' = 1.96 \text{（秒）}$$

ここに，t_{total}　：考慮すべきすべての過電圧の発生時間を最初の電圧ピークの持続時間に
換算した時間（秒）

t_{500-A}：最初の電圧ピークを含む矩形領域の継続時間（1.04 秒）

t_{500-B}'：2 番目の電圧ピークを含む矩形領域の持続時間を最初の電圧ピークの持続
時間に換算した時間（0.76 秒）

t_{500-C}'：発電機端遮断器開放から過電圧が 1 p.u. を超えなくなるまでの時間を最
初の電圧ピークの持続時間に換算した時間（0.16 秒）

そこで，時間換算係数 k_2' は，t_{total} を耐電圧試験時間（10 分）で換算して次のとおりとなる。

$$k_2' = \left(\frac{t_{\text{total}}}{t_{\text{WT}}} \right)^{\frac{1}{n}} = \left(\frac{1.96}{600} \right)^{\frac{1}{15}} = 0.68$$

ここに，t_{WT}：耐電圧試験時間（秒）

n　：寿命指数 (15)

この導出過程については，**附属書 J** に示す。

D.2　試験電圧値の決定（形式試験 7.2）

附属書 B に基づく考え方であるが，温度条件によって温度係数を考慮することとし，試験電圧値 U_{T} (kV) は次式により決定する。劣化係数 K_1 については，試験時間 1 時間より以下の値を用いる。

$$U_{\text{T}} = \frac{E_0}{\sqrt{3}} \times K_1 \times K_2 \times K_3$$

ここに，E_0：ケーブル最高電圧 (kV)

K_1：劣化係数　$\left(K_1 = \left(\frac{30 \text{ 年} \times 365 \text{ 日} \times 24 \text{ 時間}}{1 \text{ 時間}} \right)^{\frac{1}{n}} \right)$

$n = 15$ の場合：$K_1 = 2.30$

$n = 12$ の場合：$K_1 = 2.83$　（テープ巻き式接続部）

K_2：温度係数（1.2）（常温試験の場合乗じる。）

K_3：裕度（1.1）

附属書 E
（参考）
解体調査（開発試験）

E.1　目的

　開発試験は，新規製品及び改良製品に対して製造者が自主的に実施する試験であるが，長期課通電試験後に供試品の詳細観察（劣化調査）がなされていないと，長期試験時の劣化事象が見過ごされる可能性がある。そのため，解体調査による材料劣化兆候有無などの情報を記録しておく必要がある。そこで，この規格において開発試験後の試料解体調査を追加することとした。

E.2　実施方法

E.2.1　実施時期

　解体調査は，開発試験（**6.1 ～ 6.3** の試験）終了後の試料より採取することとする。ただし，この規格以外の規格に基づく試験への供試を行った場合は，その後の試料にて実施することでもよい。その場合，試験としては「絶縁破壊なし」の結果により完了とみなすことができるが，形式試験完了までにはこの解体調査も完了されていることが望まれる。

E.2.2　実施内容

　開発試験に供試されたケーブル，接続部について，解体・サンプリングを行い劣化の兆候があるかどうか目視確認する。劣化の兆候例としては，電気的劣化（トリーイングの有無），析出物の有無，腐食（極度の変色など），有害なシュリンクバックなどがあげられるが，調査内容については供試品の構造を考慮して決定できるものとする。

附属書 F

（参考）

ケーブルの異物・ボイド・半導電層突起試験：
統計的手法による判定の考え方

F.1　形式試験

F.1.1　試料採取方法

　統計学の一手法である枝分かれ実験法によると，一次サンプルを「一連続絶縁体押出品からのサンプル箇所数（M）」，二次サンプルを「サンプル箇所からのサンプル数（N）」として，乱数による正規分布データによりシミュレーションを行えば，$M = 5$，$N = 20$ であれば実用上十分な精度で，母分散を推定できることがわかっている。したがって，上記の試料条件での抜取りによる検査で全長の特性を推定することが可能である。なお，形式試験試料の採取方法例を図 F.1 に示す。

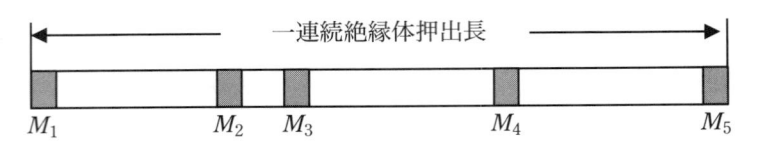

一次サンプル：$M = 5$　（M_1, M_2, M_3, M_4, M_5）
二次サンプル：$N = 20$　（各 M_k から 20 枚のスライスを採取）

図 F.1—試料採取方法の例（形式試験）

F.1.2　観察方法

　各スライスのボイド・異物・半導電層突起の最大値の測定については，透過光では投影部の一番長い部分，反射光では反射形状の一番長い部分について測定を行う。スライス片 1 枚あたりの厚さは作業性を考慮して任意とするが，スライス片 1 枚あたりの検査厚さは 0.5 ± 0.25 mm とする。スライス片観察方法例を図 F.2 に示す。

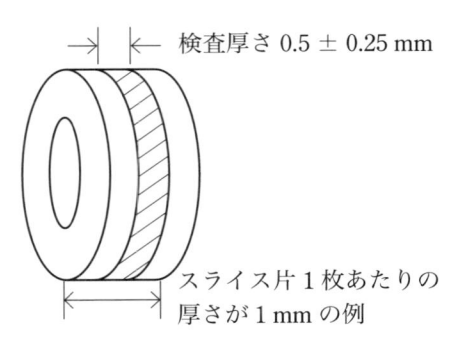

a)　例 1　（スライス片厚 ≠ 検査厚）　　　　b)　例 2　（スライス片厚 ＝ 検査厚）

図 F.2—スライス片観察方法の例

F.1.3　形式試験での品質安定性の判定

異物・ボイド・半導電層突起試験では，次に示すような統計的手法を用いて，製品の品質安定性の評価を行う。なお，形式試験の品質安定性の判定フローの例を**図 F.3** に示す。

a）　長手方向の均一性確認のため，試料採取箇所ごとに最大値分布の平均値と偏差を計算し，**JIS Z 9041** に基づき，5 箇所間の有意差検定を実施し，違いが認められなければよいものとする。

b）　5 箇所から採取した計 100 枚の最大値分布から平均値（μ_0'）と偏差（σ_0'）を計算し，**JIS Z 9041** に基づき母集団の平均値（μ_0）と偏差（σ_0）を推定する。また，この推定値から工程能力指数を算出し工程能力の評価を行う。

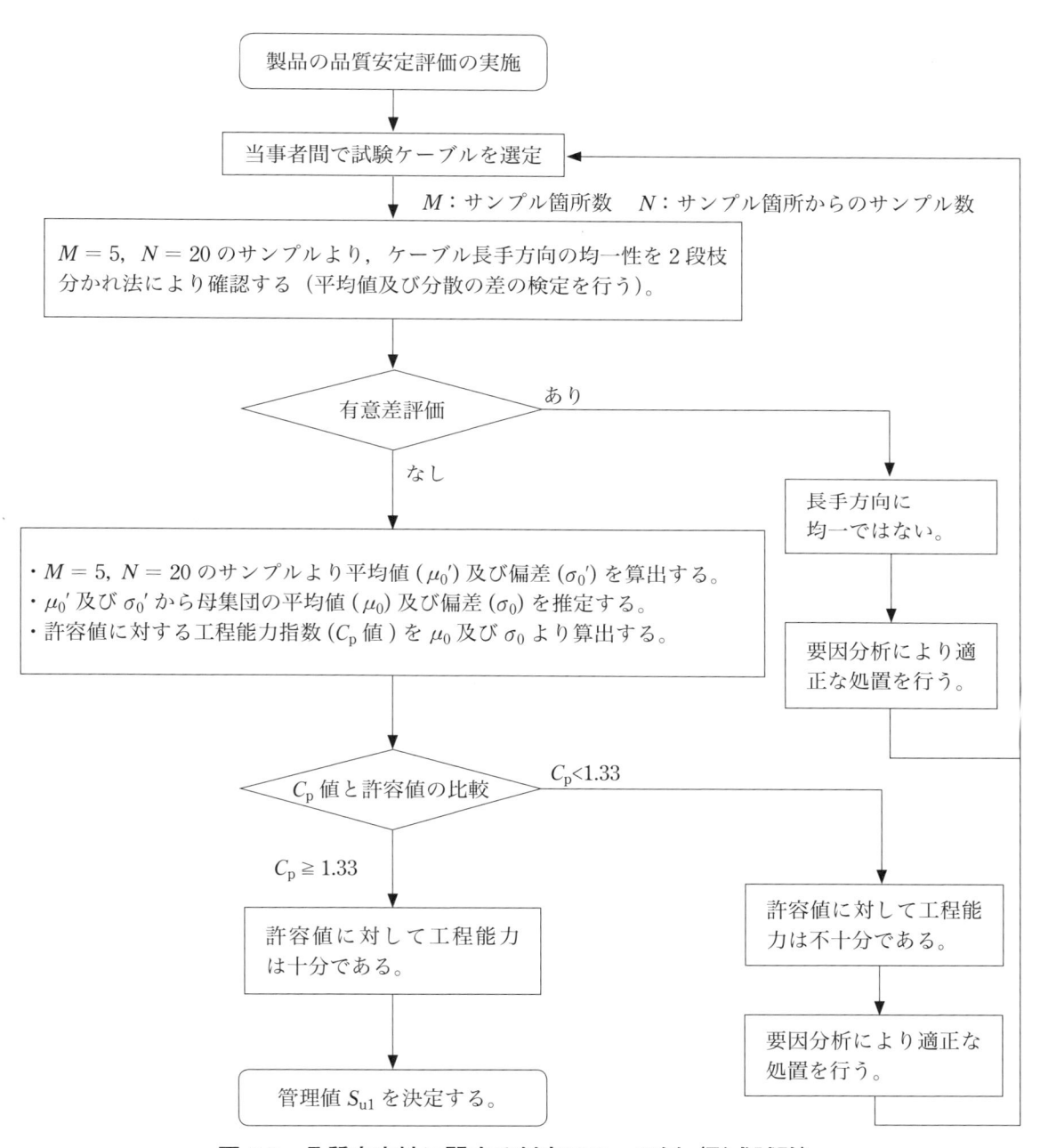

図 F.3—品質安定性に関する判定フローの例（形式試験）

F.1.4 工程能力指数

「工程能力指数」とは，工程が管理状態にあるときに許容値を満足する品質の製品を作り出す能力をもっているかどうかを表す指標である。片側に許容値（上限許容値）がある場合，工程能力指数（C_p 値）は以下のようにして求める。

$$C_p = \frac{S_u - \mu_0}{3\sigma_0}$$

ここに，S_u：上限許容値

μ_0：平均値

σ_0：偏差

得られた工程能力指数の判断の例として，以下の基準があげられる。

$C_p \geqq 1.67$ ：工程能力は十分すぎる

$1.67 > C_p \geqq 1.33$ ：工程能力は十分である

$1.33 > C_p \geqq 1.00$ ：工程能力はほぼ良好である

$1.00 > C_p \geqq 0.67$ ：工程能力は不足している

$0.67 > C_p$ ：工程能力は非常に不足している

F.1.5 管理値

供試品の品質レベルを表す指標の一つとして管理値（S_{u1}）があげられる。これは製造者が設定する値であり，工業分野では $3\sigma \sim 4\sigma$ を採用することが一般的である。4σ をとった場合は以下のようになる。

$$S_{u1} = \mu_0 + 4\sigma_0$$

この管理値（S_{u1}）を基にして出荷製品が形式試験供試品と同等であることを受入試験で検証することができる。

なお，この管理値を求めるにあたって供試品の品質管理レベルが同等であれば，ケーブルの絶縁厚，導体サイズごとに求める理由はなく，代表ケーブルを選択すればよい。

F.2 受入試験

F.2.1 試料採取方法

受入試験においては，ケーブル中間部からの採取が困難な場合もあることや，作業の簡便さを考慮して一連続押出品の両端から 2 箇所試料採取を行い，$M=2$，$N=20$ とした[1]。受入試験試料の採取方法例を図 F.4 に示す。

注[1]　F.1 項においては $M=5$ としているが，$M=2$ として得られる分散の推定値でも実用的には十分であることが，電気協同研究「CV ケーブルおよび接続部の高電圧試験法」に記載されている。

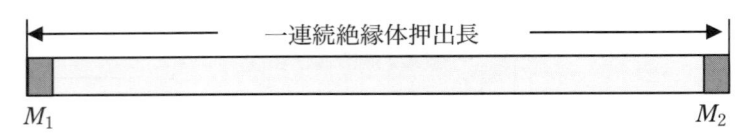

一次サンプル：$M = 2\,(M_1,\ M_2)$

二次サンプル：$N = 20$（各 M_k から 20 枚のスライスを採取）

図 F.4 －試料採取方法の例（受入試験）

F.2.2　観察方法

各スライスの異物・ボイド・半導電層突起の最大値の測定については，透過光では投影部の一番長い部分，反射光では反射形状の一番長い部分について測定を行う。スライス片1枚あたりの厚さは作業性を考慮して任意とするが，スライス片1枚あたりの検査厚さは $0.5 \pm 0.25\,\mathrm{mm}$ とする。

F.2.3　受入試験での品質安定性の判定

a）　出荷製品が形式試験供試品より長い場合

出荷製品の長手方向均一性確認のため，試料採取箇所ごとに最大値分布の平均値と偏差を計算し，**JIS Z 9041** に基づき，2箇所間の有意差検定を行い，違いが認められなければよいものとする。さらに，形式試験供試品との分布特性の同等性の確認のために，2箇所から採取した計40枚の最大値分布から平均値と偏差を計算し，**JIS Z 9041** に基づき形式試験供試品平均値（μ_0）と偏差（σ_0）との有意差検定を行い，特性の向上が認められるか，違いが認められなければよいものとする。

b）　検査値による判定

受入試験の判定において，最大値が許容値に対して非常に小さい場合，現状の検出感度を考慮すると試験に多大な時間が必要となってしまう。このため，試験の合理化を図ることを目的に以下の試験法を適用できるものとする。**図 F.5** に示すような許容値以下の検査値（K）を当事者間で協議して設定し，**F.1** で述べた管理値（S_{u1}）と検査値（K）の関係から以下のように判定を行う。

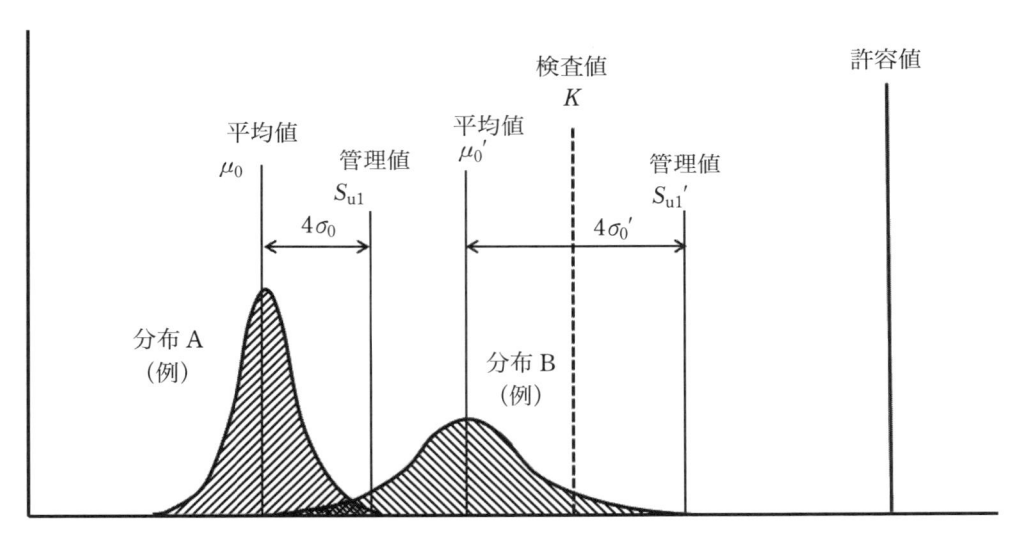

図 F.5—特性値の分布と検査値，管理値の関係

1）　製造者の管理値（S_{u1}）が検査値（K）以下の場合（$S_{u1} \leq K$）

　一連続絶縁体押出品の両端計2箇所から，試料として1箇所あたり連続20枚のスライス片を採取する。スライスごとに異物・ボイド・半導電層突起を観察し，検査値 (K) 以上のものがないことを確認する。

2）　製造者の管理値（S_{u1}）が検査値（K）より大きい場合（$S_{u1} > K$）

　管理値が検査値を超える場合は，**1**）に比べ許容値に対する裕度が小さい状態であるといえる。したがって，初期に受入試験を行う出荷製品のうち，最初の3品以上の一連続絶縁体押出品については分布を把握し，形式試験供試品との分布特性の同等性の確認を行う。なお，具体的な方法は，両端2箇所から採取した計40枚の最大値分布から平均値と偏差を計算し，**JIS Z 9041** に基づき形式試験供試品の平均値（μ_0）と偏差（σ_0）との有意差検定を行い，特性の向上が認められるか，違

　　いが認められなければ，それ以後は検査値（K）による試験を行うこととする。

3) 当該品の検査値が製造者の管理値（S_{u1}）及び検査値（K）より大きく許容値以下の場合（K 又は $S_{u1} \leqq$ 当該品の検査値＜許容値）

　　当事者間で協議し，方針を決定する。

以上を踏まえた受入試験の検査値（K）を用いた品質安定性の判定フロー例を**図 F.6** に示す。

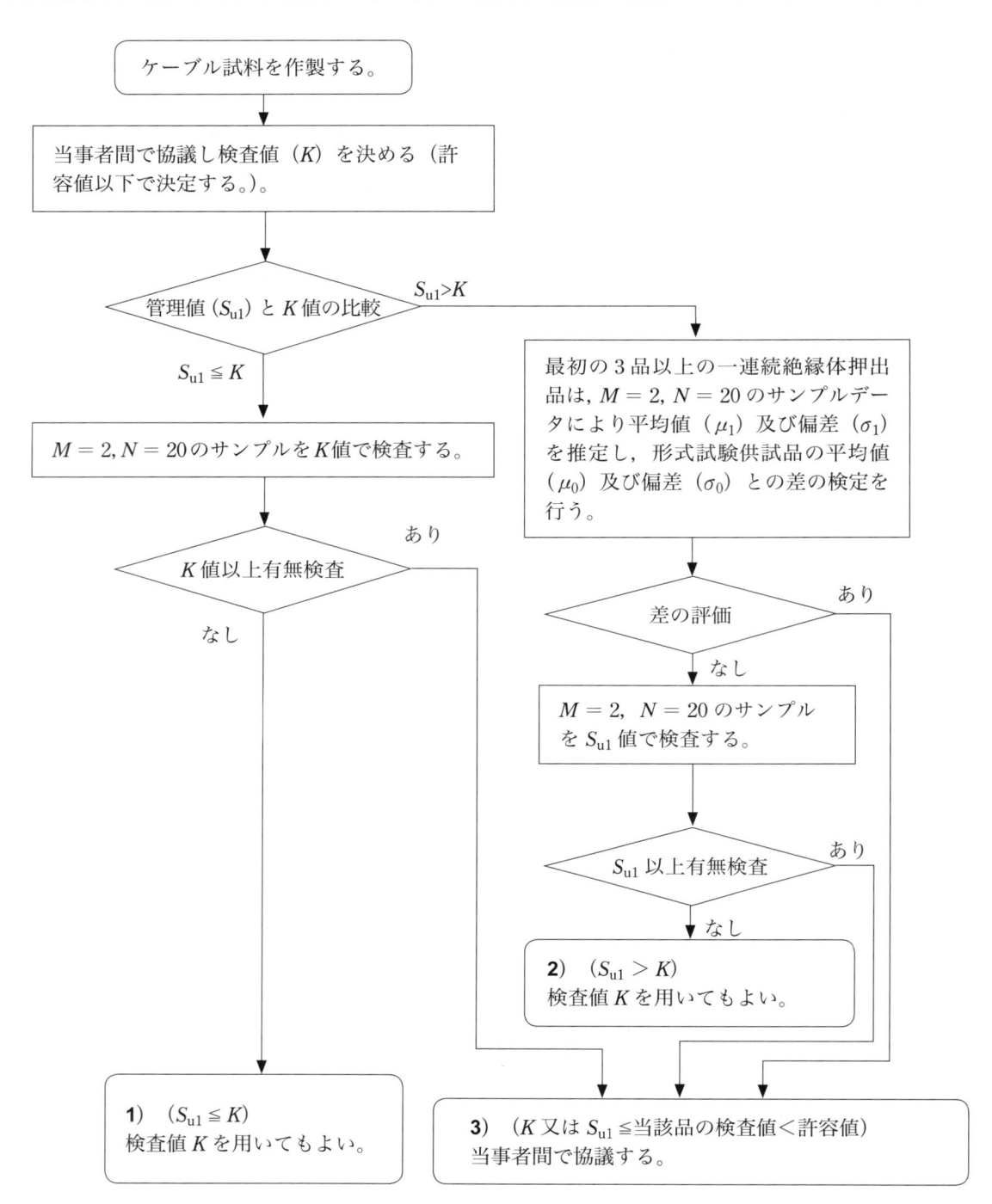

図 F.6—検査値 K を用いた判定フローの例（受入試験）

F.3　定期的に実施する受入試験での品質安定性の判定

　8.2 に示す受入試験で検査値を用いた判定を行っている場合，実際に存在する異物・ボイド・半導電層突起の最大値分布について厳密な評価は行っていない。したがって，詳細評価が必要と認められる場合には当事者間で協議のうえ，以下に示す統計的手法による判定を行う。

　形式試験供試品との分布特性の同等性の確認のために，一連続絶縁体押出品の両端 2 箇所から採取した計 40 枚（$M = 2$, $N = 20$）の最大値分布から平均値（μ_1）及び偏差（σ_1）を計算し，**JIS Z 9041** に基づき形式試験供試品の平均値（μ_0）と偏差（σ_0）との有意差検定を行い，特性の向上が認められるか，違いが認められなければよいものとする。そうでない場合は，是正処置の必要性などについて当事者間で協議する。

附属書 G

（参考）

ケーブルの異物・ボイド・半導電層突起の許容値について

G.1 異物・ボイド・半導電層突起について

ケーブルの異物・ボイド・半導電層突起は，以下の定義による。

a) 異物：有害性を考慮すると金属異物が対象となる。しかし，ブラック（不透明黒色異物）についても
メタル（金属異物）との判別が困難であるため，不透明黒色物質全般を異物とする。

注記 アンバー（焼け樹脂）は，材質的にポリエチレンと同質であり，比誘電率もほぼ等しく電界集
中は発生しないことから，この規格では異物の対象から除いている。

b) ボイド：絶縁体中に生じた空げきをいう。

c) 半導電層突起：針状のもので**図 G.1** において $Y \geqq X / 2$ なるものをいう。

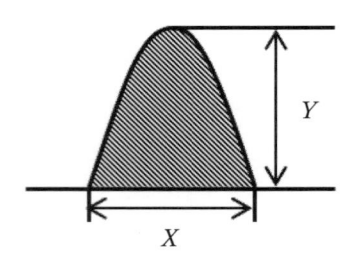

図 G.1—半導電層突起の定義

G.2 異物・ボイド・半導電層突起の許容値の計算方法及び計算例

異物・ボイド・半導電層突起の大きさに関する計算方法を以下に記す。

注記 計算式の詳細は，電気協同研究「CV ケーブルおよび接続部の高電圧試験法」による。

G.2.1 ボイドの許容値の計算

許容されるボイドの最大値は，常規使用電圧で部分放電が発生せず，また過電圧によって放電しても常
規使用電圧に戻ったときに放電が消滅すればよいと考え，部分放電開始消滅電圧比 1.2 を考慮して決定し
た。有害ボイドの大きさの算出方法は次式のようになる。この計算例を**表 G.1**，**表 G.2** に示す。なお，導
体サイズは，実績があり内部半導電層界面電界が最も厳しくなる条件を選定した。

$$2a = \frac{550}{\dfrac{1.23 \times V_\mathrm{A}}{r_1 \times \ln\left(\dfrac{r_2}{r_1}\right)} - 2.65}$$

ここに，$2a$：有害ボイド直径 (μm)

r_1：絶縁体内半径 (mm)

r_2：絶縁体外半径 (mm)

$$V_\mathrm{A} = \frac{E_0}{\sqrt{3}} \times 1.2$$

E_0：ケーブル最高電圧 (kV)

注記　ボイドの位置は内部半導電層直上とする。

表 G.1―有害ボイドの大きさの計算例（一般の絶縁厚）

公称電圧, 導体断面積	絶縁体 厚さ mm	絶縁体内径 $2r_1$ mm	絶縁体外径 $2r_2$ mm	ケーブル 最高電圧 E_0 kV	V_A kV	有害ボイド直径 $2a$ μm
11 kV, 60 mm²	4	11.3	19.3	12	8.31	752
22 kV, 60 mm²	6	11.3	23.3	24	16.63	233
33 kV, 60 mm²	8	11.3	27.3	36	24.94	156
66 kV, 80 mm²	9	12.8	30.8	72	49.88	66
77 kV, 80 mm²	11	12.8	34.8	84	58.20	64
110 kV, 100 mm²	17	14.0	48.0	120	83.14	59
154 kV, 200 mm²	23	19.0	65.0	168	116.39	57
187 kV, 400 mm²	23	26.1	72.1	204	141.34	52
220 kV, 200 mm²	23	19.0	65.0	240	166.28	37
275 kV, 600 mm²	27	31.5	85.5	300	207.85	40

表 G.2―有害ボイドの大きさの計算例（絶縁厚低減品）

公称電圧, 導体断面積	絶縁体 厚さ mm	絶縁体内径 $2r_1$ mm	絶縁体外径 $2r_2$ mm	ケーブル 最高電圧 E_0 kV	V_A kV	有害ボイド直径 $2a$ μm
77 kV, 100 mm²	10	14.0	34.0	84	58.20	61
110 kV, 100 mm²	14	14.0	42.0	120	83.14	51
154 kV, 200 mm²	17	19.0	53.0	168	116.39	45
	19		57.0			49
275 kV, 600 mm²	23	31.5	77.5	300	207.85	35
500 kV, 800 mm²	27	38.0	92.0	550	381.05	21

G.2.2　異物及び半導電層突起の許容値の計算方法

異物・半導電層突起からの電気トリー発生には，V-t 特性及び温度依存性がある。したがって，有害な異物・半導電層突起の大きさの算定では，欠陥先端の電界に V-t 特性及び温度依存性を考慮した次式が基本式となる。また，異物・半導電層突起の大きさは回転楕円体モデルで計算することから，その長軸半径 a を求めることとなる。

$$E_c \geqq E_{max} \times K_T \times K_n \times K_f \cdots\cdots\cdots\cdots\cdots\cdots\cdots\cdots\cdots\cdots\cdots (G.1)$$

ここに，E_c　：トリー開始電界 (kV/mm)

E_{max}　：最大電界 (kV/mm)

K_T　：温度係数

K_n　：劣化係数

K_f　：電界増加率

$$E_{max} = \frac{V_B}{r_1 \times \ln\left(\dfrac{r_2}{r_1}\right)}$$

r_1 ：絶縁体内半径 (mm)

r_2 ：絶縁体外半径 (mm)

$$V_B = \frac{E_0}{\sqrt{3}}$$

$$E_0：ケーブル最高電圧 (kV)$$

よって，式（G.1）を変形して，$E_c = 300\ \text{kV/mm}$ [1]，$K_T = 1.2$ [2]，$K_n = 2.52$ [3] を代入すると，

$$K_f \leqq \frac{E_c \times r_1 \times \ln\left(\dfrac{r_2}{r_1}\right)}{V_B \times K_T \times K_n}$$

$$K_f \leqq \frac{300 \times r_1 \times \ln\left(\dfrac{r_2}{r_1}\right)}{V_B \times 1.2 \times 2.52}$$

$$K_f \leqq \frac{99.2 \times r_1 \times \ln\left(\dfrac{r_2}{r_1}\right)}{V_B} \quad \cdots\cdots\cdots\cdots\cdots\cdots\cdots\cdots\cdots\cdots\cdots\cdots (G.2)$$

を得る。また，金属異物の形状を長軸半径 a とする回転楕円体としたときの電界増加率（K_f）は次式のようになる。

$$K_f = 1 - \frac{1}{\alpha} \times \left\{ \frac{1}{2} \times \ln\left(\frac{\lambda+1}{\lambda-1}\right) - \frac{\lambda}{\lambda^2 - 1} \right\} \quad \cdots\cdots\cdots\cdots\cdots\cdots\cdots (G.3)$$

$$ここに，\ \alpha = \frac{1}{2} \times \ln\left(\frac{\lambda+1}{\lambda-1}\right) - \frac{1}{\lambda}$$

$$\lambda = \frac{1}{\sqrt{\left\{1 - \left(\dfrac{R}{a}\right)\right\}}}$$

$$R：異物の先端曲率半径 \quad (10\ \mu\text{m})$$

式 (G.2) より求めた K_f の値から式 (G.3) を満たすような回転楕円体の長軸半径 a を求める。その計算例を**表 G.3**，**表 G.4** に示す。

注記 異物・半導電層突起の位置は内部半導電層直上とする。

注 [1] トリー開始電界（15 分ステップ昇圧）の 300 kV/mm に関しては，電気協同研究「CV ケーブルおよび接続部の高電圧試験法」による。

注 [2] 温度係数の 1.2 は **D.1.3** の**注** [2] による。

注 [3] 劣化係数は，E_c を求めたステップ昇圧時間（15 分）と使用年数 30 年の比より，V-t 則を適用して以下のとおり求めた。

$$K_n = \left(\frac{30\ 年}{15\ 分}\right)^{\frac{1}{n}} = \left\{\frac{30 \times 365 \times 24(時間)}{15/60(時間)}\right\}^{\frac{1}{15}} = 2.52$$

表 G.3─回転楕円体長軸半径 a の計算例（一般の絶縁厚）

公称電圧，導体断面積	絶縁体厚さ mm	絶縁体内径 $2r_1$ mm	絶縁体外径 $2r_2$ mm	ケーブル最高電圧 E_0 kV	V_B kV	回転楕円体長軸半径 a μm
11kV， 60 mm^2	4	11.3	19.3	12	6.93	843
22 kV， 60 mm^2	6	11.3	23.3	24	13.86	498
33 kV， 60 mm^2	8	11.3	27.3	36	20.78	374
66 kV， 80 mm^2	9	12.8	30.8	72	41.57	162
77 kV， 80 mm^2	11	12.8	34.8	84	48.50	156
110 kV， 100 mm^2	17	14.0	48.0	120	69.28	143
154 kV， 200 mm^2	23	19.0	65.0	168	96.99	136
187 kV， 400 mm^2	23	26.1	72.1	204	117.78	122
220 kV， 200 mm^2	23	19.0	65.0	240	138.56	76
275 kV， 600 mm^2	27	31.5	85.5	300	173.21	86

表 G.4─回転楕円体長軸半径 a の計算例（絶縁厚低減品）

公称電圧，導体断面積	絶縁体厚さ mm	絶縁体内径 $2r_1$ mm	絶縁体外径 $2r_2$ mm	ケーブル最高電圧 E_0 kV	V_B kV	回転楕円体長軸半径 a μm
77 kV， 100 mm^2	10	14.0	34.0	84	48.50	149
110 kV， 100 mm^2	14	14.0	42.0	120	69.28	120
154 kV， 200 mm^2	17	19.0	53.0	168	96.99	102
	19		57.0			114
275 kV， 600 mm^2	23	31.5	77.5	300	173.21	73
500 kV， 800 mm^2	27	38.0	92.0	550	317.54	33

G.3 異物・ボイド・半導電層突起の許容値

　異物・ボイド・半導電層突起の許容値は，常規使用電圧が同一であっても，ケーブルの導体サイズ，絶縁厚などによって異なる値となることから，当事者間の協議によって決定する。代表的なケーブルの許容値例を**表 G.5**，**表 G.6** に示す。

　表 G.5 のボイドに関して，許容値は計算値を 10 μm 単位で切り捨てた。ただし，33 kV 以下の CV ケーブルについては従来の許容値を考慮して，一律に 70 μm とした。

　表 G.5 の異物・半導電層突起に関して，77 kV 以下ケーブルにおける異物の許容値については従来どおり一律 250 μm 以下とし，33 kV 以下ケーブルにおける半導電層突起の許容値ついても同様に一律 250 μm 以下とした。それ以外のケーブルについては，計算値が 100 μm 以上のものは 50 μm 単位，100 μm 未満のものは 10 μm 単位で切り捨てた。また，500 kV ケーブルは実用的な有害レベルの提案がなされ，それに基づく運用がなされていることから，異物，半導電層突起の許容値は 50 μm として運用されている。

　近年では 110 kV，154 kV，275 kV，500 kV において絶縁厚が低減された実績があるため，**表 G.5** の一般絶縁厚の場合と同様に，絶縁厚低減仕様について許容値を計算した**表 G.6** を追加した。

　注記　**JEC-3408**：1997 における半導電層突起の定義は，回転楕円体状の突起が内部半導電層上にあるものとし，その大きさは有害異物 $2a$ の 1/2 である a としている。しかし，実用化されている 500 kV ケーブルは，275 kV 以下ケーブルの延長ではなく絶縁設計及び製造工程管理の見直しを

行い，基礎データを再度積み上げて実用化に至った[1]。特に，絶縁体に有害な欠陥レベルに関しては，前駆遮断技術の実用化により実験的に有害レベルを評価することが可能となった。それらの結果に基づき，500 kV ケーブルに対する実用的に有害な欠陥レベルの提案がなされ[2]，それが現在の 500 kV ケーブルの許容値として運用されている。以上をふまえて，この規格における 500 kV ケーブルの半導電層突起に関しても 2a を許容値例とした。なお，275 kV 以下ケーブルに関しては，従来から半導電層突起の許容値は有害異物の大きさの 1/2 としており，許容値を変更した製品において電気的な健全性を確認した実績はない。そのため，本改正において 275 kV 以下ケーブルの半導電層突起許容値に関しては，従来の考え方（有害異物の大きさの 1/2）を適用する。

注[1] IEEE "A Study of Treeing Phenomena in the Development of Insulation for 500 kV XLPE Cables"，電気学会「CV ケーブル許容欠陥レベルの評価」による。

注[2] IEEE "Development of 500kV XLPE Cables and Accessories for Long Distance Underground Transmission Line — Part I"，電気学会「500 kV CV ケーブルの開発」による。

表 G.5—11 ～ 275 kV ケーブルの異物・ボイド・半導電層突起の許容値例（一般の絶縁厚）

公称電圧 kV	絶縁体厚さ mm	ボイド μm	異物 μm	半導電層突起 μm
11	4	70	250	250
22	6			
33	8			
66	9	60		150
77	11			
110	17	50		100
154	23			
187			200	
220	23	30	150	70
275	27	40		80

表 G.6—77 ～ 500 kV ケーブルの異物・ボイド・半導電層突起の許容値例（絶縁厚低減品）

公称電圧 kV	絶縁体厚さ mm	ボイド μm	異物 μm	半導電層突起 μm
77	10	60	250	100
110	14	50		
154	17	40	200	
154	19			
275	23	30	100	70
500	27	20	50	50

附属書 H

（参考）

接続部の異物・ボイド・半導電層突起試験

　接続部の絶縁材料は，架橋ポリエチレンの他にエポキシ，ゴムなど多岐にわたっている。これらは電圧及び接続部の品種により使い分けされており，内部電極のあるエポキシ成形品，半導電層と絶縁層が一体成形されているゴム製品など，その部品は構造も複雑で多種多様である。したがって，この規格で接続部の異物・ボイド・半導電層突起試験を規定せず，現状実施している異物・ボイド・半導電層突起に関する試験例を参考として記載する。

H.1　X線検査

　単体部品ではプレモールド絶縁体などのゴム製品について，出荷時にX線検査を行っている例もある。プレモールド絶縁体についてのX線検査例を**図 H.1** に示す。

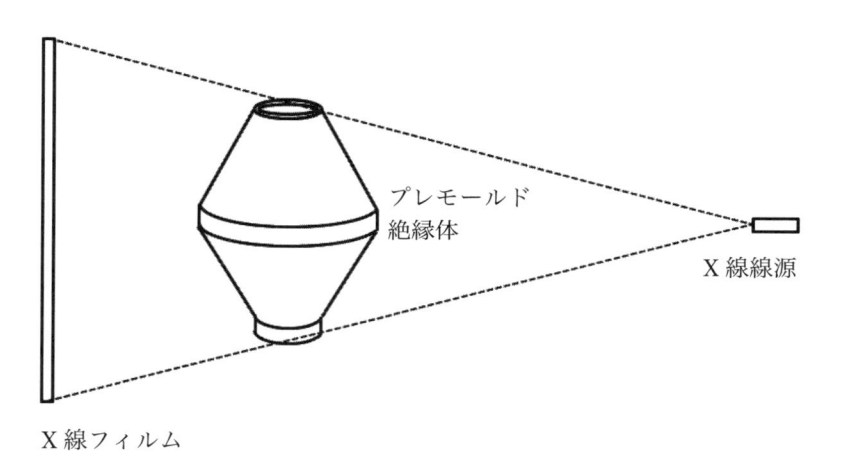

図 H.1 － X線検査例

附属書 I

（参考）

出荷耐電圧試験

I.1 試験時の温度

JEC-3408：1997 においては，実運用上高温での出荷耐電圧試験が困難であることから，試験電圧値に温度係数を考慮して常温で行うこととしていた。常温の定義は **JIS Z 8703**（20 ± 15 ℃（5 〜 35 ℃））に従うが，近年の気象状況変化により，特に夏場では 35 ℃を超える日が連続することもあり，**JIS Z 8703** の範囲で出荷試験を実施することが困難な場合がある。高温状態のほうが絶縁性能は低下することから，常温より高い温度での試験は出荷製品の性能の確認において安全サイドであるため，近年の気象状況変化を考慮し，この改正にあたっては出荷試験時に常温より高い温度であっても実施可とした。

I.2 試験時間

実績を考慮して 10 分間とした。

I.3 試験電圧の決定

出荷耐電圧試験は，出荷製品が規定の品質管理レベルにあることを電気的に確認するために行うもので，必要以上の高い電圧を課電して製品に損傷を与えたり，寿命をむやみに消費したりすることは可能な限り避けなければならない。そこで，出荷耐電圧試験における試験電圧値 U_T (kV) は，ケーブル布設後印加が予想される最も高い交流電圧及び持続時間を，n 乗則を用いて試験時間に換算した値に温度係数を考慮し，次式により求めた。

$$U_\mathrm{T} = E_0 \times C_1 \times K_2 \cdots\cdots\cdots\cdots\cdots\cdots\cdots\cdots\cdots\cdots\cdots\cdots\cdots\cdots (\text{I.1})$$

ここに，E_0：ケーブル最高電圧 (kV)

$\quad\quad\quad C_1$：出荷耐電圧試験倍数（**表 I.1**）

$\quad\quad\quad K_2$：温度係数（1.2）

ただし，［非有効接地系の場合］　$C_1 = k_1 \times k_2 \times k_4$

　　　　　［有効接地系の場合］　$C_1 = k_2{}' \times k_3 \times k_4$

$\quad\quad\quad\quad k_1$：一線地絡時における健全相の電圧上昇倍数

$\quad\quad\quad\quad k_2$：非有効接地系における時間換算係数

$\quad\quad\quad\quad k_2{}'$：有効接地系における時間換算係数

$\quad\quad\quad\quad k_3$：負荷遮断時の電圧上昇倍数

$\quad\quad\quad\quad k_4$：安全係数

表 I.1 －出荷耐電圧試験倍数

公称電圧 kV	500	275	220	187	154	110	77	66	33	22	11
中性点接地方式	有効接地系				非有効接地系						
一線地絡時における 健全相の電圧上昇倍数 k_1	—		—		$2.0/\sqrt{3}$						
非有効接地系における 時間換算係数 k_2	—		—		0.68						
有効接地系における 時間換算係数 k_2'	0.68		0.67		—						
負荷遮断時の 電圧上昇倍数 k_3	$1.51/\sqrt{3}$		$1.79/\sqrt{3}$		—						
安全係数 k_4	1.2		1.2		1.2						
出荷耐電圧試験倍数 C_1	$1.23/\sqrt{3}$		$1.44/\sqrt{3}$		$1.63/\sqrt{3}$						

注記　275 kV 以下の係数に関しては，電気学会技術報告「ケーブル系統における過電圧と評価」2 章，3 章を参照されたい。500 kV に関しては，この改正にあたり新たに過電圧解析を行い決定した（**附属書 J**）。

I.4　33kV 以下の出荷製品の判定について

　33 kV 以下の接続部は，ケーブルと組み合わせて出荷耐電圧試験を行う場合がある。その場合，ケーブル外部半導電層端部の段差をそのまま残す処理法が主体であり出荷耐電圧試験値で必ずしも部分放電が発生しないという考えにはなっていないが，現在まで多くの実績があり問題なく運用されている。このことから，33 kV 以下ケーブルの接続部を含む出荷耐電圧試験に関して，試料，試験条件及び試験電圧を当事者間の協議によって決定してもよいこととした。

附属書 J

（参考）

500 kV ケーブル系統の過電圧解析モデルと解析結果

500 kV ケーブルの開発試験での商用周波耐電圧試験値と受入試験での出荷耐電圧試験値を得るため，500 kV ケーブル系統の過電圧解析モデルを構築し，解析を実施した。以下に，その内容を述べる。

J.1 過電圧解析モデル

この検討において構築した解析モデル系統を**図 J.1** に示す。モデル系統に用いた解析モデルの諸元を**表 J.1** に示す。また，同モデルに使用した発電機定数，昇圧変圧器飽和特性，避雷器 *V-I* 特性をそれぞれ**表 J.2 ～ J.4** に，発電機制御系モデルを**図 J.2** に，それぞれ示す。まず，このモデル系統による解析結果の妥当性を検討するため，これまで電気学会技術報告「ケーブル系統における過電圧と評価」や電気協同研究「CV ケーブルおよび接続部の高電圧試験法」の検討で実施された EMTP（Electromagnetic Transients Program）などの過渡現象解析プログラムを用いた解析結果との比較を行った。この結果，このモデル系統による解析結果が過去の文献と概ね同様の結果を得ることができることから，妥当と判断した。また，実機ベースで構築した解析系統との比較からもこの解析モデル系統の妥当性を確認した。なお，過電圧発生時の発電機の解列条件については，超高圧系統の運用状況を考慮して設定することとした。

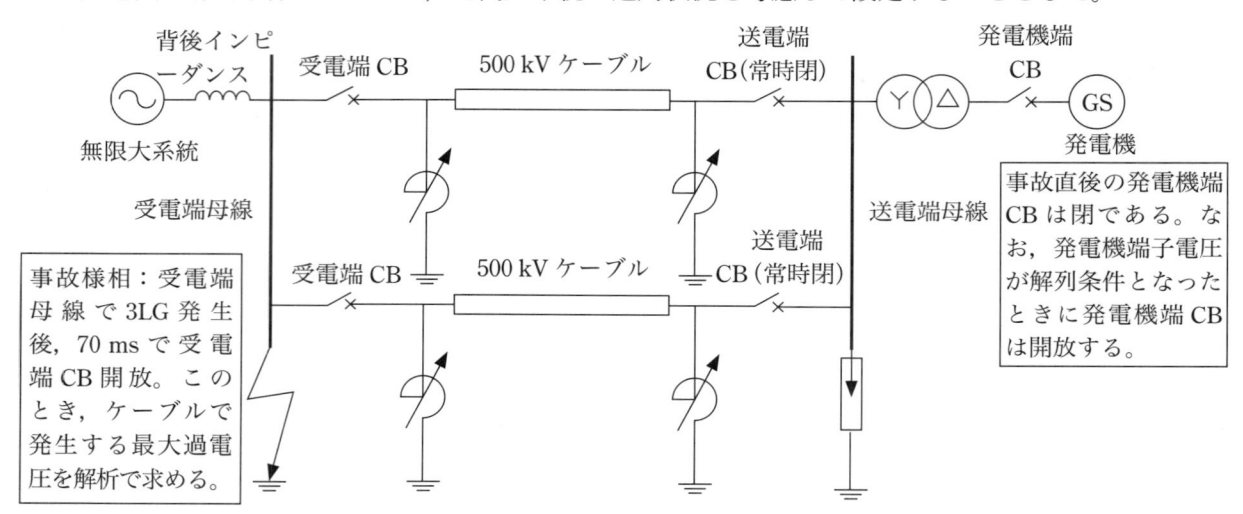

図 J.1—過電圧解析モデルに基づく解析モデル系統

表 J.1—500 kV ケーブル系統の過電圧解析モデル

項目	モデルの考え方	解析モデル		備考
		50 Hz	60 Hz	
発電機	・火力機 ・定格出力 1 000 MVA を想定 ・電気学会標準モデルを採用（表 J.2 参照）	・定格電圧　20 kV ・定格容量　1 100 MVA ・定格出力　1 000 MVA ・2 極機 ・1 軸 ・その他定数　表 J.2 参照		・飽和特性を非考慮
制御系	・AVR[a]（PSS[b]付），GOV[c]模擬 ・電気学会標準モデルをベースとしたモデル（図 J.1 参照）	・ブロック図　図 J.1 参照。 （ただし，GOV モデルは，回転角偏差を規定内に収めるため，中低速タービンの特性を無視するように修正した。）		・UEL[d]，PLU[e] を非考慮
昇圧変圧器	・定格容量 1 100 MVA ・漏れリアクタンス 14 %（系統容量 1 000 MVA ベース） ・飽和特性考慮（表 J.3 参照） ・タップ 317.54/19.5 kV	・漏れリアクタンス 111.4 mH（500 kV） 550kV 換算：134.8 mH 高圧側：67.4 mH 低圧側：0.254 mH	・漏れリアクタンス 92.8 mH（500 kV） 550 kV 換算：112.3 mH 高圧側：56.15 mH 低圧側：0.212 mH	・漏れリアクタンスは，高圧側，低圧側に 50 % 按分 ・漏れ抵抗は無視（非考慮） ・飽和特性は実機検討データ（50 Hz）使用。60 Hz のデータは磁束を周波数比で補正。（電圧一定の場合，磁束は周波数に反比例）
ケーブル	・500 kV CAZV 2 500 mm^2 ・2 回線模擬 ・実機データをベース（60 Hz データは，EMTP Cable Constants の計算結果より補正）	・$R_0 = 0.030\,59$ Ω/km ・$R_1 = 0.021\,72$ Ω/km ・$L_0 = 0.222\,7$ mH/km ・$L_1 = 0.366\,4$ mH/km ・$C_0 = C_1 = 0.206\,8$ μF/km	・$R_0 = 0.030\,65$ Ω/km ・$R_1 = 0.021\,76$ Ω/km ・$L_0 = 0.222\,4$ mH/km ・$L_1 = 0.365\,3$ mH/km ・$C_0 = C_1 = 0.206\,8$ μF/km	
避雷器	・JEC-2372 に規定された V-I 特性（表 J.4 参照），折れ線近似	・500 kV ガス絶縁避雷器，$V-I$ 特性は表 J.4 参照		
分路リアクトル	・線路，両端で補償 ・ベースは飽和特性非考慮 ・$C = 0.206\,8$ μF/km で L 換算 ・100 % 補償 ・$L = 1/(\omega^2 C)$	例　40 km 100 %補償 $L \fallingdotseq 1\,225$ mH（650 Mvar） （片端 2 450 mH） $R = 1.17$ Ω（片端）	例　40 km 100 %補償 $L \fallingdotseq 850$ mH（780 Mvar） （片端 1 700 mH） $R = 1.17$ Ω（片端）	・抵抗は実機値で模擬
背後インピーダンス	・短絡電流 50 kA 程度の系統想定 ・$Z = V/(\sqrt{3} \times I)$ ・母線電圧 $V = 550$ kV	$L = 20$ mH	$L = 17$ mH	・無限大母線に接続 ・無限大母線は波高値 449 kV の電圧源で模擬 ・全系モデル（図 J.1 参照）
事故様相	・AC-TOV[f] で厳しい負荷遮断で検討	・受電端母線 3LG（三線地絡）事故後，70 ms 後に受電端遮断器 2 回線開放		

注 [a]　AVR：Automatic Voltage Regulator（自動電圧調整器）
注 [b]　PSS：Power System Stabilizer（電力系統安定化装置）
注 [c]　GOV：Governor（調速機）
注 [d]　UEL：Under Excitation Limiter（不足励磁制限機能）
注 [e]　PLU：Power Load Unbalance Relay（負荷不平衡リレー）
注 [f]　TOV：Temporary Over Voltage（商用周波過電圧）

表 J.2—発電機定数

項目		数値	項目		数値
x_d	p.u.	1.70	x_q	p.u.	1.70
x_d'	p.u.	0.35	x_d''	p.u.	0.25
x_q''	p.u.	0.25	T_d'	p.u.	1.00
T_d''	秒	0.03	T_q''	秒	0.03
T_a	秒	0.40	X_l	秒	0.225
慣性定数	秒	7.0			
注記　電気学会技術報告「電力系統の標準モデル」に基づいた値とした。					

表 J.3—昇圧変圧器飽和特性

電流 I A	ϕ（50 Hz） Wb	ϕ（60 Hz） Wb
3.456	1 364.5	1 136.6
15.08	1 500.9	1 250.2
54.67	1 637.4	1 364.0
402.15	1 773.8	1 477.6
766.6	1 910.3	1 591.3
1 131.1	2 046.7	1 704.9
1 495.5	2 183.2	1 818.6
1 860.0	2 319.6	1 932.2
2 224.4	2 456.0	2 045.8
2 588.9	2 592.5	2 159.6
2 953.3	2 728.9	2 273.2
注記　50 Hz のデータは，実機データに基づいた値とした。また，60 Hz のデータは磁束を周波数比で補正した値とした。		

表 J.4—避雷器 V-I 特性

電流 I A	電圧 V kV
0.001	535
1	610
10	635
100	675
1 000	735
5 000	810
10 000	870
20 000	940
50 000	1 070
注記　JEC-2372 ガス絶縁タンク形避雷器 に基づいた値とした。	

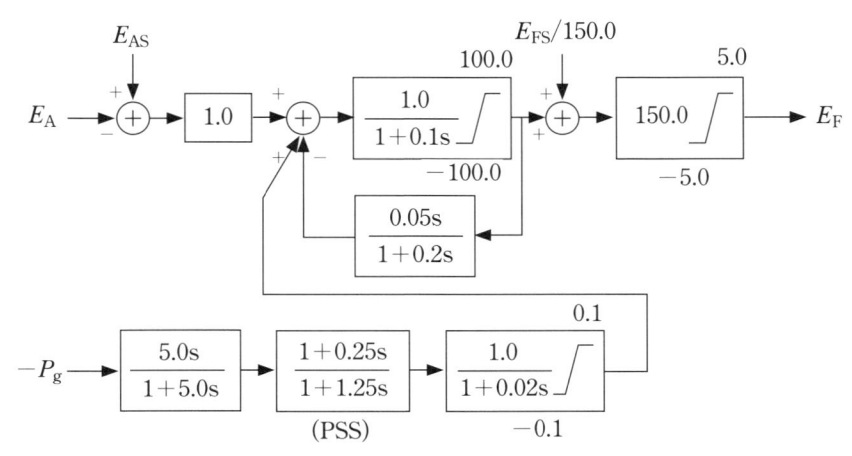

E_A：発電機端子電圧，E_{AS}：発電機端子電圧設定値，E_F：発電機界磁電圧，
E_{FS}：発電機界磁電圧設定値，P_g：発電機電気出力

a) AVR（PSS 付）モデル

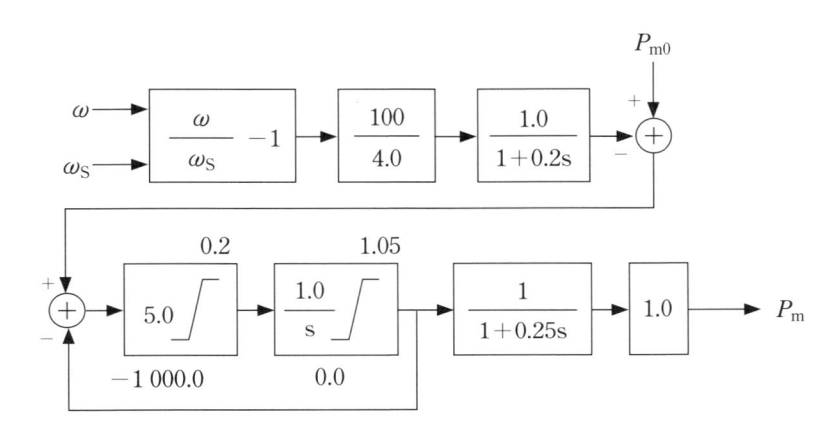

ω：発電機回転数（発電機角速度），ω_S：発電機定格回転数（発電機定格角速度），
P_m：タービン出力，P_{m0}：タービン出力設定値

b) 調速機（GOV）モデル

注記　AVR（PSS 付）モデル，調速機（GOV）モデルは，電気学会技術報告「電力系統の標準モデル」に基づいて，
　　　EMTP 解析に適用できるようにモデルを改良している。

図 J.2—発電機制御系モデル

J.2　解析パラメータの設定

　標準解析モデル系統を用いた解析では，以下のように解析パラメータを設定した。

　実用性を勘案し，ケーブル長（ケーブル長：30，40，50 km）と補償リアクトルの補償度（補償リアクトルの補償度：70，80，90，100％）の組み合わせにより，解析ケースを決定することとした。なお，運用中の超高圧系統における補償リアクトルの設置の考え方を調査した結果，基本的な運用は補償度100％であることから，解析結果の評価にあたっては，補償度80，90，100％を解析対象とし，70％は参考にとどめた。また，補償リアクトルによる補償度は，原則100％であるが，系統構成によっては100％を超える場合もあることがわかった。このため，過酷ケース（ケーブル長が長いケース）を対象に過補償（110％）の場合の過電圧計算も実施した。

　50 Hz 系統と 60 Hz 系統をそれぞれ構成し解析を行うこととした。

　過電圧発生時の発電機の解列条件の設定は，避雷器の処理エネルギーが想定する範囲内（500 kV 系統でTOV 耐量が最大 6 MJ [1]であるので，実設備を勘案し TOV 耐量を最大 12 MJ 程度として想定）に収まるように，発電機端遮断器の動作時間を 50 Hz 系統，60 Hz 系統ごとに調整した。

　解析の誤差を極力低減するためには，静電容量の実測値を用いて解析することが望ましいため，今回は500 kV ケーブルの実測値を用いた。

　　注[1]　電気協同研究「絶縁設計の合理化」による。

J.3　解析結果を基にした試験電圧値の算出手法

　電気学会技術報告「ケーブル系統における過電圧と評価」では，発生する過電圧を脈動性過電圧と持続性過電圧に分類し，それぞれの継続時間を解析結果から求め，それらの値に $V\text{-}t$ 特性を適用し，10 分間での耐電圧試験値に換算している。ただし，この計算では，n 値は時間により変化しないと仮定している。

　この考え方に基づき，今回の標準モデル系統を用いた解析波形を考察する。今回の解析で得られた過電圧波形に基づく電圧波形パラメータの定義を図 J.3 に示す。電圧波高値は，ケーブル受電端遮断器開放時又は発電機端遮断器開放時に発生する。一方，常時性過電圧は，発電機の制御系の応答に従い発生する。この様相は，これまで検討に使用されてきた波形とは若干異なるため，波形の評価法について検討が必要であった。そこで，得られた過電圧波形に対し，同図中に示すように複数の時間領域に分割し，それぞれの区間で過電圧波形の包絡線を近似した。時間領域の分割と近似手法は以下のとおりとした。

a）　ケーブル受電端遮断器開放時刻 (t_{500-0}) 〜 AVR 制限により発生する電圧ピーク (V_{500-2}) 直前に，発生電圧がケーブル受電端遮断器開放直後に発生する電圧ピーク (V_{500-1}) を超える時刻 (t_{500-1A})：発生電圧をすべて包含するように矩形で近似

b）　t_{500-1A} 〜発電機端遮断器開放時刻 (t_{500-2A})：発生電圧をすべて包含するように矩形で近似

c）　t_{500-2A} 〜発生電圧が 1 p.u. を超えなくなる時刻 $(t_{500-1pu})$：発生電圧の包絡線を自然対数で近似

　上記各区間の持続時間を $V\text{-}t$ 則 $(n = 15)$ を用いてケーブル受電端遮断器開放直後に発生する電圧ピークの持続時間に換算し，等価的な過電圧持続時間を算出することとした。

$$t_{500-B}' = \left(\frac{V_{500-2}}{V_{500-1}} \right)^n \times t_{500-B}$$

$$t_{500-C}' = \frac{1}{V_{500-1}{}^n} \times \int_{t_{500-2A}}^{t_{500-1pu}} [V_{500-G} \times \exp\{-\alpha \times (t - t_{500-2A})\}]^n \, dt$$

$$t_{\text{total}} = t_{500-A} + t_{500-B}' + t_{500-C}'$$

　　ここに，　V_{500-1}：ケーブル受電端遮断器開放直後に発生する電圧ピーク（p.u.）

　　　　　　　V_{500-2}：AVR 制限により発生する電圧ピーク（p.u.）

　　　　　　　V_{500-G}：発電機端遮断器開放時の電圧（p.u.）

　　　　　　　t_{500-A}：ケーブル受電端遮断器開放から，V_{500-2} 発生直前に発生電圧が V_{500-1} を超えるまでの時間（秒）

　　　　　　　t_{500-B}：V_{500-2} 発生直前に発生電圧が V_{500-1} を超えてから発電機端遮断器が開放されるまでの時間（秒）

　　　　　　　t_{500-C}：発電機端遮断器が開放されてから発生電圧が 1 p.u. を超えなくなるまでの時間（秒）

　　　　　　　α　：発電機端遮断器開放後の発生電圧の減衰定数

　　　　　　　t_{500-B}'：t_{500-B} を V_{500-1} の持続時間に換算した時間（秒）

t_{500-C}' ：t_{500-C} を V_{500-1} の持続時間に換算した時間（秒）

t_{total} ：考慮すべきすべての過電圧の発生時間を V_{500-1} の持続時間に換算した時間（秒）

n ：寿命指数

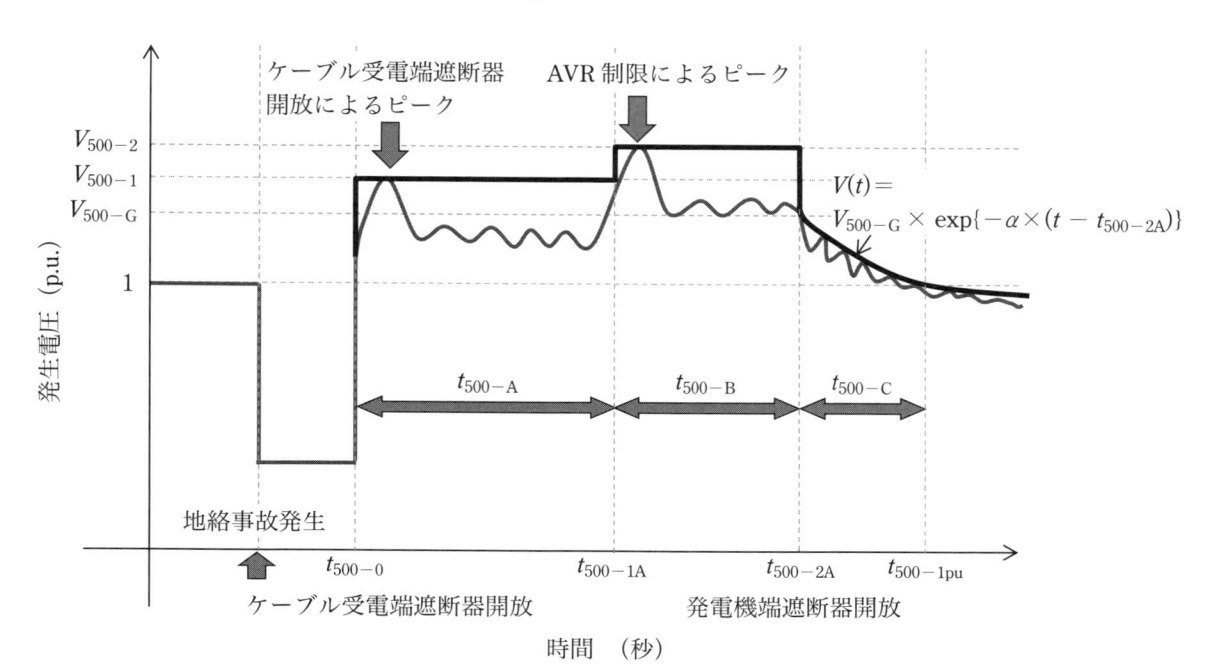

図 J.3―過電圧解析に基づく電圧波形パラメータの定義

ここで，この解析により最も高い試験電圧値が得られたケーブル長 50 km，補償度 80％における過電圧解析波形を**図 J.4** に示した。この波形における各パラメータ値は以下のとおりとなる。

$V_{500-1} = 1.51 \,(\text{p.u.})$

$V_{500-2} = 1.51 \,(\text{p.u.})$

$V_{500-G} = 1.49 \,(\text{p.u.})$

$t_{500-A} = 1.04 \,（秒）$

$t_{500-B} = 0.76 \,（秒）$

$t_{500-C} = 1.14 \,（秒）$

$\alpha = 0.35$

$n = 15$

$t_{500-B}' = \left(\dfrac{V_{500-2}}{V_{500-1}} \right)^n \times t_{500-B} = \left(\dfrac{1.51}{1.51} \right)^{15} \times 0.76 = 0.76 \,（秒）$

$t_{500-C}' = \dfrac{1}{V_{500-1}{}^n} \times \displaystyle\int_{t_{500-2A}}^{t_{500-1pu}} \left[V_{500-G} \times \exp\{-\alpha \times (t - t_{500-2A})\} \right]^n \mathrm{d}t$

$\qquad = \dfrac{1}{V_{500-1}{}^n} \times \displaystyle\int_{0}^{t_{500-C}} \{ V_{500-G} \times \exp(-\alpha \times t) \}^n \mathrm{d}t$

$\qquad = \dfrac{1}{1.51^{15}} \times \displaystyle\int_{0}^{1.14} \{1.49 \times \exp(-0.35 \times t)\}^{15} \mathrm{d}t = 0.16 \,（秒）$

$t_{\text{total}} = t_{500-A} + t_{500-B}' + t_{500-C}' = 1.04 + 0.76 + 0.16 = 1.96 \,（秒）$

これより，500 kV 系統の時間換算係数 k_2' は，過電圧継続時間 t_{total} を耐電圧試験時間 t_{WT}（10 分）で換算して次のとおりとなる。

$$k_2' = \left(\frac{t_{\text{total}}}{t_{\text{WT}}} \right)^{\frac{1}{n}} = \left(\frac{1.96}{600} \right)^{\frac{1}{15}} = 0.68$$

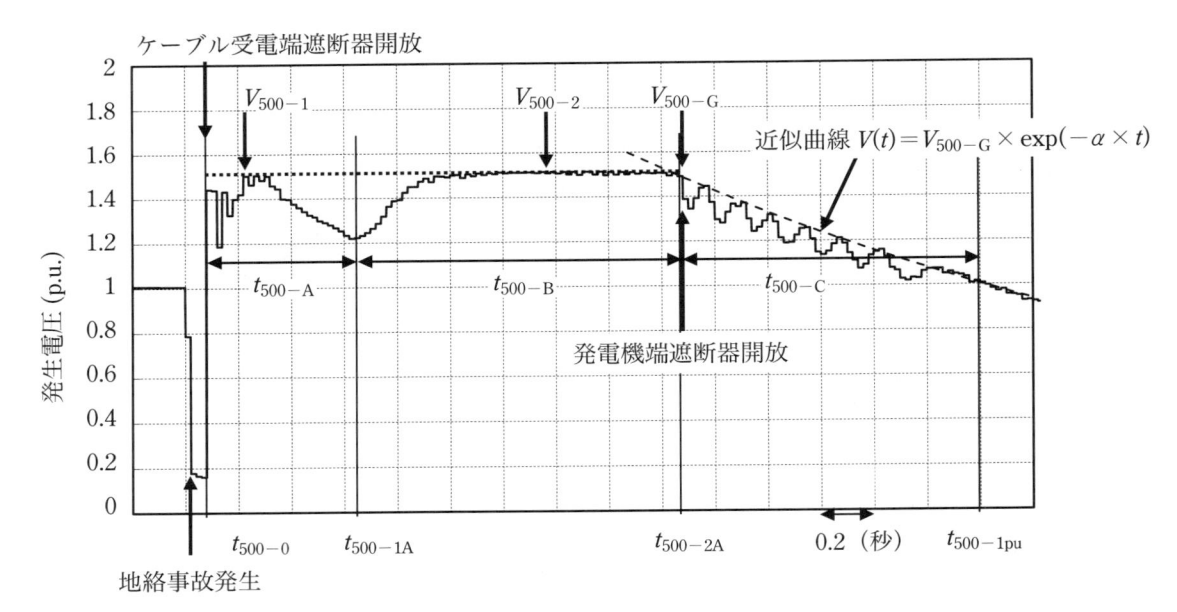

注記　ケーブル長 50 km，補償度 80 % の場合の計算結果

図 J.4—EMTP 解析で得られたケーブル受電端電圧波形

以上より，500 kV ケーブルの交流過電圧を考慮した商用周波耐電圧試験値，出荷耐電圧試験値は次のとおりとなる。

a） 商用周波耐電圧試験値（常温試験）

式（D.1）及び**表 D.1** より，

$$U_{\text{T}} = E_0 \times C_0 \times K_2 \times K_3 = 550 \times 1.03/\sqrt{3} \times 1.2 \times 1.1 = 431.7$$

であるから，これを 5 kV 単位で切り上げて 435 kV となる。

b） 商用周波耐電圧試験値（高温試験）

式（D.1）及び**表 D.1** より，

$$U_{\text{T}} = E_0 \times C_0 \times K_2 \times K_3 = 550 \times 1.03/\sqrt{3} \times 1.0 \times 1.1 = 359.8$$

であるから，これを 5 kV 単位で切り上げて 360 kV となる。

c） 出荷耐電圧試験値

式（I.1）及び**表 I.1** より，

$$U_{\text{T}} = E_0 \times C_1 \times K_2 = 550 \times 1.23/\sqrt{3} \times 1.2 = 468.7$$

であるから，これを 5 kV 単位で切り上げて 470 kV [1] となる。

また，上記以外の条件による解析で得られた出荷耐電圧試験値を**表 J.5** に示す。

注 [1]　運用されている 500 kV ケーブルの出荷耐電圧試験条件として，「試験電圧値 465 kV，試験時間 15 分」を採用した実績がある。これは以下の理由による。当該ケーブルの導入が想定される系統を対象とした過電圧解析結果より，試験時間 10 分に対する試験電圧値 465 kV が導出された。この結果，交流過電圧に対する保証としての出荷耐電圧試験としては，「試験電圧値 465 kV，試験時間 10 分間」が設定される。しかしながら，500 kV ケーブルでは，外部半導

電層界面電界が他の電圧階級のケーブルと比較して高くなるため，万が一の外傷性欠陥など
ヒューマンエラーの検出を行う目的で，「試験電圧値 465 kV，試験時間 15 分」を出荷耐電圧
試験条件として採用したものである。この試験条件を $n=15$ の条件で $V\text{-}t$ 則を用いて試験時
間 10 分に換算すると電圧値が 478 kV となり，この規格で定める出荷耐電圧試験（試験電圧値
470 kV，試験時間 10 分）で求める条件を満足している。

表 J.5—500 kV ケーブルにおける解析モデル系統の解析結果と出荷耐電圧試験値

ケーブル長	補償度	50 Hz			60 Hz		
		遮断器 動作状況	過電圧 最大値 p.u.	出荷耐電圧 試験値 kV	遮断器 動作状況	過電圧 最大値 p.u.	出荷耐電圧 試験値 kV
30 km	80%	×	—	—	×	—	—
	90%	×	—	—	×	—	—
	100%	×	—	—	×	—	—
40 km	80%	×	—	—	○	1.60	465
	90%	×	—	—	×	—	—
	100%	×	—	—	×	—	—
50 km	80%	○	1.51	470	○	1.51	455
	90%	×	—	—	○	1.45	450
	100%	×	—	—	×	—	—

注記 1　1 p.u. $= 550 \text{ kV} \times \sqrt{2}/\sqrt{3}$

注記 2　50 Hz 系統の発電機解列条件は，発電機端電圧 1.18 p.u. 以上 0.9 秒継続後 0.12 秒で発電機端遮断器開放とした。

注記 3　60 Hz 系統の発電機解列条件は，発電機端電圧 1.20 p.u. 以上 0.3 秒継続後 0.193 秒で発電機端遮断器開放とした。

注記 4　遮断器動作状況の評価（○×）に関しては以下のとおりである。

　　　　○：発電機の解列条件が成立して発電機端遮断器が動作したケース。

　　　　×：発電機の解列条件が不成立で発電機端遮断器が動作しなかったケース（これらのケースにおいても，ケーブル部に三線地絡事故に伴う過電圧の発生はあるが，常規電圧と同レベル，又は持続時間が極めて短いため，ケーブル絶縁性能へ与える影響がないと考えられる。このため，パラメータ算定の対象外とした。）。

注記 5　発電機端遮断器が動作せず，発電機が解列しない解析ケースについては評価の対象外とした。これは，以下の理由による。

　　　・解析時間内に発電機の解列条件を満足しないため。

　　　・通常の運転においても想定される範囲内であるため。

　　　・発電機端電圧が解列条件以下であっても発電機の回転数上昇などにより別の保護装置が動作するため。

附属書 K

（参考）

参考文献

［1］　T.Kubota, Y.Takahashi, S.Sakuma, M.Watanabe, M.Kanaoka, H.Yamanouchi, "Development of 500-kV XLPE Cables and Accessories for Long Distance Underground Transmission Line‐Part I : Insulation Design of Cables‐", IEEE Transactions on Power Delivery, Vol. 9, No. 4, pp.1741-1749, October 1994

［2］　電気協同研究会，電気協同研究，第 51 巻，第 1 号，「CV ケーブルおよび接続部の高電圧試験法」，第 3 章，1995

［3］　電力中央研究所　総合報告：H06「発変電所および地中送電線の耐雷設計ガイド（2011 年改訂版），総合報告：H06」，p.19　第Ⅱ-1-1 表，2011

［4］　電気学会技術報告，第 527 号「ケーブル系統における過電圧と評価」，pp.12－26，1994

［5］　小沢，田中，八束，金岡，丹，「CV ケーブル許容欠陥レベルの評価」，電気学会 平成 4 年電力・エネルギー部門大会 335，1992

［6］　神永，市原，神野，田辺，福永，金岡，竹鼻，「500 kV CV ケーブルの開発」，電気学会論文誌 B，116 巻 3 号，pp.296-306，1994

［7］　A.Ishibashi, T.Kawai, S.Nakagawa, H.Muto, S.Katakai, K.Hirotsu, T.Nakatsuka,"A Study of Treeing Phenomena in the Development of Insulation for 500 kV XLPE Cables", IEEE Transactions on Dielectrics and Electrical Insulation, Vol. 5 , No. 5, pp.695-706, October 1998

［8］　**JEC-2372**：1995　ガス絶縁タンク形避雷器

［9］　電気学会技術報告，第 754 号「電力系統の標準モデル」，1999

［10］　電気協同研究会，電気協同研究，第 44 巻，第 3 号，「絶縁設計の合理化」，1988

［11］　**JEC-208**：1980　特別高圧（11 kV ～ 77 kV）架橋ポリエチレンケーブルの高電圧試験法

［12］　**JEC-209**：1980　特別高圧（11 kV ～ 77 kV）架橋ポリエチレンケーブル用接続部の高電圧試験法

［13］　**JEC-3408**：1997　特別高圧（11 kV ～ 275 kV）架線ポリエチレンケーブルおよび接続部の高電圧試験法

［14］　**JESC E 7001**（2010）　電路の絶縁耐力の確認方法，3.1，日本電気協会

［15］　**IEC 62067**：2011　Power cables with extruded insulation and their accessories for rated voltages above 150 kV up to 500 kV, clause 12.4.8.1

［16］　**IEC 60840**：2011　Power cables with extruded insulation and their accessories for rated voltages above 30 kV up to 150 kV, clause 12.4.8.1

JEC-3408：2015

特別高圧（11 kV ～ 500 kV）架橋ポリエチレン
ケーブル及び接続部の高電圧試験法

解説

　この解説では，規格が改正された趣旨，経緯，重点的に審議した事柄，内容の根拠などについて，規格を使用する者が規格の内容をよりよく理解するための関連事項を説明する。解説は，規格の一部ではない。

1 改正の経緯と趣旨

　JEC-3408：1997「特別高圧（11 kV ～ 275 kV）架橋ポリエチレンケーブルおよび接続部の高電圧試験法」は，1997 年の改訂以来，すでに 15 年以上が経過している。この間，500 kV ケーブルの長距離送電線路も実用化され，適用実績も拡大しており，また変電機器の性能向上，試験電圧の見直しなどの環境も変化していることから，改正が求められていた。

2 改正審議におけるトピックス

2.1 JEC-3411 との整合

　JEC-3408：1997 改訂後，2008 年に **JEC-3411**：2008「20 kV 級（22 kV, 33 kV）架橋ポリエチレンケーブルおよび接続部の試験法」が制定された。**JEC-3411** は，この規格の電圧範囲である 11 ～ 500 kV と重複する電圧範囲のため，可能な限り試験条件の整合をはかる必要があった。当初は **JEC-3408** と **JEC-3411** で異なる条件については併記する案も出されたが，併記は誤解を招くことから，この規格については従来の **JEC-3408** に基づく条件を基本とし，**JEC-3411** が適用できる場合はその条件を適用できるという表記とした。

> **注記** 配電ケーブル（20 kV 級以下）と送電ケーブル（66 kV 以上）においては設計思想が異なる部分があり，試験条件が整合しないケースがある。たとえば，20 kV 級のケーブルを **JEC-3411**，66 kV 以上のケーブルを **JEC-3408** というように規格を分けたほうがわかりやすくなるが，**JESC E 7001** による電路の現地耐圧条件（系統試充電）として **JEC-3408** による試験に合格していることが条件となっているため，単純には切り離すことができない。また，**JEC-3411** は 20 kV 級のケーブルが対象であり，**JEC-3408** を 66 kV 以上のケーブルとすると 11 kV ケーブルが規格から外れてしまうという問題もあり，分けることができなかった。

2.2 500 kV ケーブルの異物・ボイド・半導電層突起試験

　500 kV ケーブルの長距離送電線路採用にあたっては，当時の新しい技術により得られた知見に基づくケーブルの評価法，試験法が採用された。特にケーブルの異物・ボイド・半導電層突起試験の異物と突起サイズに関して，異物は $2a$，突起は a の定義であったが，実験データによる裏付けを元に突起も $2a$ としている。これに関しては**附属書 G** に記述したとおりであるが，突起を a とした場合には製造管理面で対応が困難となるという背景もあった（製造技術に関することを規格書内に記述することは好ましくないこ

とから，附属書にも記載していない）。一方，500 kV ケーブルの考え方を 275 kV 以下のケーブルに展開すべきであるとの意見もあったが，従来規格に基づく実績は非常に多く，変更の必要がないことから，従来規格値を見直す必要はないとの判断に至った。

2.3　500 kV ケーブルの交流過電圧値の検討

出荷耐電圧試験値及び開発試験後の商用周波耐電圧試験値はケーブル系統で発生する過電圧値をもとに決定される値であり，従来の 275 kV ケーブル系統解析結果をそのまま反映できないと考えられるため，500 kV ケーブル系統の過電圧解析モデルを構築し，解析を行うこととした。そこで過電圧解析作業会を設置して WG が開催された。検討の結果に関しては**附属書 J** に記載のとおりである。

2.4　国際規格（IEC）への統合について

今回の改正にあたって，国際規格である IEC 規格との整合も視野に入れる考えがあった。そこで，改正原案作成作業会にて国際規格である IEC 規格との比較調査を行った。IEC 規格では，6 kV 〜 500 kV ケーブルまで三つの電圧に区分されており，試験条件に関しては，**JEC-3408** の開発試験（0.5 年以上）に相当する Pre-qualification Test の試験期間が約 1 年である点が大きな違いである（**JEC-3408** の形式試験に相当する Type Test は，20 日間でありほぼ同等である）。また試験電圧に関しては，**JEC-3408** の長期試験（ヒートサイクル試験）は V–t 則に基づいた試験電圧値を採用していること，また受入試験は交流過電圧を考慮した電圧を採用していることなど，国内での運用を考慮し合理的に決定されている。一方，IEC 規格において試験電圧の明確な根拠は示されていない。さらに，**JEC-3408** においては，品質管理面を考慮した異物・ボイド・半導電層突起試験を併用することで，それらの合理的な試験電圧の適用を可能としてきた経緯がある。このような考え方の違いが，JEC 規格と IEC 規格には存在する。

国内においては JEC 規格による運用実績も十分あることから，現時点で IEC 規格へ統合する明確な動機付けは得られない。したがって，この改正においては，IEC 規格への統合は考慮しないこととした。

3　主な改正点

主な改正点は，**解説表 1** のとおりである。前回（1997 年）改訂時の変更点については**解説表 2** のとおりである。

解説表 1—主な改正点（2015 年版）

箇条	題名 [（ ）は改正によって 削除された項目]	改正点	備考
1. 適用範囲			
1	適用範囲	上限電圧を 275 kV から 500 kV に変更した。	適用実績に合わせて変更した。
		架橋ポリエチレンケーブル（以下，CV ケーブル）を（以下，ケーブル）と修正した。	CV ケーブルと規定する必要はないことから，単にケーブルとした。
1.1	使用環境	この規格が対象とするケーブル及び接続部が，水の影響を受けない環境（ケーブルの仕様が遮水層又は金属被付であることも含む）で使用されることを明確にするため，項目として独立させた。 また，寿命指数として $n=15$ を基本とする根拠として参考文献を追加した。	水の影響を受けないという条件は使用年数に記載していたが，使用環境として明確にした。これにより，**JEC-3411** との区別を明確にすることも狙いである。 一方，$n=9$ の場合は **JEC-3411** を用いて良いことを記載する案も出されたが，水のある環境が必ずしも $n=9$ ではないため，ここではこの規格が $n=15$ とした根拠を明確にするにとどめた。
1.2	使用年数	「水の浸入がないことを前提として」については **1.1** に独立させ，使用年数のみの記述とした。	———
1.3	導体許容温度	———	時間の定義に関して，電気協同研究「CV ケーブルおよび接続部の高電圧試験法」に過負荷時間の例があり，それを引用する案が出されたが，具体的な過負荷時間の記載は，それ自体も規格と見なされてしまう可能性があるため，従来どおりとした。
2. 引用規格			
	（**IEC Pub.840**）	削除した。	引用しないため削除した。
	JEC-3411：2008	追加した。	20 kV 級ケーブルに適用可能とするため追加した。
	（**JCS 168-E**）	**JCS 0501**：2014 とした。	最新版とした。
	（**JIS Z 9049**：1965） （**JIS Z 9057**：1966） （**JIS Z 9051**：1963） （**JIS Z 9058**：1966）	**JIS Z 9041**：1999 とした。	JIS 規格改正に伴い統合されたため，新しい JIS 規格番号に修正した。
3. 用語及び定義			
3.9	機器の対地雷インパルス試験電圧値	追加した。	———
3.13	常温試験	追加した。	導体温度常温の試験として定義した。
3.14	高温試験	追加した。	導体温度 90 ℃以上の試験として定義した。
5. 試験種別			
5	試験種別	開発試験，形式試験，受入試験について，IEC において相当する用語を注記に追加した。	受入試験を IEC に合わせてルーチン試験にすべきとの意見があったが，IEC と同じ項目・条件ではないこと，及び従来用語からの変更による混乱を防ぐため注記にとどめた（合わせて，開発，形式も IEC 用語を追記した。）。

箇条	題名 [（ ）は改正によって 削除された項目]	改正点	備考
5	**図1**―ケーブル及び接続部の高電圧試験フロー	開発試験に解体調査を追加した。 形式と受入試験について，図中に点線区切りと囲み数字を追加した。	開発試験に追加した「解体調査」については，それが完了しなくても判定できることを条件にしていることが分かるようにした。 また，異物・ボイド・半導電層突起試験は，電気試験に供試した試料で実施する必要はないため，それを明確化するため点線区切りを入れた。
5.1	開発試験	長期試験後の解体試験を追加した。	追加した背景は，**附属書E**に記載した。
6. 開発試験			
6.1.2	試験条件	ヒートサイクルは**附属書A**とした。	規格票の様式：2012に合わせた。
6.1.4	試験電圧値	電圧値算出は**附属書B**とした。	規格票の様式：2012に合わせた。
	表2	500 kVケーブルの試験電圧値420 kVを追加した。	――――
6.2.2	試験時の温度	常温試験又は高温試験とした。	用語の定義に追加したため。
6.2.3	試験電圧値	電圧値算出は**附属書C**とした。	規格票の様式：2012に合わせた。
	表3	500 kVケーブルの試験電圧値として，常温1 960 kV, 高温1 570 kVを追加した。 **JEC-0102**にある他の値も採用可能であることを注として追記した。	――――
6.3.4	試験電圧値	電圧値算出は**附属書D**とした。	規格票の様式：2012に合わせた。
	表4	500 kVケーブルの試験電圧値を追加した。	
		注記に20 kV級ケーブルについては，**JEC-3411**の試験条件採用を可とすることを追記した。	**JEC-3408**の推奨値は10分値であるが，20 kV級ケーブルの場合で**JEC-3411**に従う条件下で試験を実施する場合は，**JEC-3411**にある1分値の試験も認めることとした。
6.4	解体調査	解体調査内容については，**附属書E** 解体調査（参考試験）として新たに作成した。	――――
7. 形式試験			
7.1.2	試験条件	ヒートサイクルは**附属書A**とした。	規格票の様式：2012に合わせた。
7.1.4	試験電圧値	電圧値算出は**附属書B**とした。	規格票の様式：2012に合わせた。
	表5	500 kVケーブルの試験電圧値470 kVを追加した。	――――
7.2.2	試験時の温度	常温試験又は高温試験とした。	用語の定義に追加したため。
7.2.3	試験時間	中断時の取扱いは**附属書B**とした。	規格票の様式：2012に合わせた。
7.2.4	試験電圧値	電圧値算出は**附属書D**とした。	規格票の様式：2012に合わせた。
	表6	500 kVケーブルの試験値，常温965 kV, 高温805 kVを追加した。	――――
7.4.1	大気雰囲気中	この表現を削除した。	「雰囲気」とは，特定の気体中で行う場合に用いられる化学用語である。ここでは，通常の大気中で行うものであり，この規格においては特殊気体中で行う試験もなく，間違いを起こすことはないため，この表現を削除した。

箇条	題名 [（ ）は改正によって 削除された項目]	改正点	備考
7.4.2	試料採取方法	スライス片1枚あたりの厚さは作業性を考慮して任意とするが，スライス片1枚あたりの検査厚さは 0.5 ± 0.25 mm とする，という表記に変更した。	試験運用面の利便性を考慮し見直した。
		採取方法は**附属書F**とした。	規格票の様式：2012 に合わせた。
7.4.4	判定	許容値については**附属書G**とした。	規格票の様式：2012 に合わせた。
		接続部の試験例については**附属書H**とした。	規格票の様式：2012 に合わせた。
8. 受入試験			
8.1.2	試験時の温度	試料の導体温度は常温以上とする。ただし，試験機器，測定器については，校正含めて当該機器・測定器の適用温度範囲内で使用することとした。	**附属書I**に記載のとおり，近年の気象変化に合わせるようにした。
8.1.3	試験時間	――――	実運用されている 500 kV ケーブルでは外傷スクリーニングのため試験時間を 15 分としている例もあるが，この規格においては，275 kV 以下の試験時間を踏襲し 10 分とした。
8.1.4	試験電圧値	電圧値算出は**附属書I**とした。	規格票の様式：2012 に合わせた。
	表7	500 kV の試験電圧値を追加した。	500 kV ケーブルの試験電圧値は，新たに交流過電圧解析を行い，決定した。
8.2.2	試料採取方法	採取方法は**附属書F**とした。	規格票の様式：2012 に合わせた。
8.2.4	判定	許容値については**附属書G**とした。	規格票の様式：2012 に合わせた。
		接続部の試験例については**附属書H**とした。	規格票の様式：2012 に合わせた。
8.3.2	異物・ボイド・半導電層突起試験	**7.4.2** に同じ。	――――
		許容値については**附属書G**とした。	規格票の様式：2012 に合わせた。
		接続部の試験例については**附属書H**とした。	規格票の様式：2012 に合わせた。
附属書			
A	ヒートサイクル試験	規定とした。	――――
C.2	雷インパルス耐電圧試験によって検証する絶縁強度	500 kV ケーブルについては機器の対地雷インパルス試験電圧値を 1 425 kV とした。	地中送電線路として商取引の実績がある値（1 425 kV）を採用した。
C.4	試験電圧の極性	「IEC に合わせて」を削除した。	IEC にならう必要はないため削除した。
		電力中央研究所報告「発変電所および地中送電線の耐雷設計ガイド（2011 年改訂版）」より，「夏季雷はほとんどが負極性（95％），冬季雷は3分の1が正極性」を引用した。	両極性で実施する根拠として追加した。
D.1.3	試験電圧値の決定	有効接地系の説明に記載されていた，"負荷遮断の実績が無いものの"を削除した。	説明として必要がないため削除した。
		「旧規格である **JEC-208-1980** および…では，商用周波での試験における温度係数を 1.1 としていたが，この本規格では…1.2 を採用することにした」を削除した。	1997 年改訂における決定事項であることから，この改正原稿からは削除した。

箇条	題名 [（ ）は改正によって 削除された項目]	改正点	備考
E	解体調査	開発試験後の解体調査を追加するにあたり，この附属書を追加した。	実施内容 (E.2.2) に関しては，**IEC 62067**：2011，**IEC 60840**：2011 の 12.4.8 Examination を参考にして記載した。
F.1.2	観察方法	**7.4.2** に同じ。 スライス片観察方法の例を**図 F.2** として追記した。	観察方法の記載を改正したことから，観察範囲に関して図解を加えた。
F.1.3	図 F.3	フローチャートを閉じる形に修正した。	———
F.2.2	観察方法	**F.1.2** に同じ。	———
F.2.3	図 F.6	判定基準を明確にした。	———
F.3	定期的に実施する受入試験での品質安定性の判定	フローチャートを削除した。	フローチャートとする必要性がなく，文章のみで十分である。
G	異物・ボイド・半導電層突起の許容値について	全体構成を見直した。	異物・ボイド・半導電層突起の計算方法を述べてから，実際に使用されている許容値例を示すように構成した。
G.2	異物・ボイド・半導電層突起の計算方法及び計算例	異物・半導電層突起ではなく，回転楕円体モデルの長軸半径 a を求める計算とした。	異物と半導電層突起の定義に依らない表現とした。
G.2	表 G.2	計算例については，絶縁厚低減品を追加した。	品種の増加を反映させた。
G.2	表 G.3，表 G.4	異物・半導電層突起ではなく，回転楕円体モデルの長軸半径 a を求める計算とした。	異物と半導電層突起の定義に依らない表現とした。
G.2	表 G.3，表 G.4	注として記載されていた「内部半導電層直上に欠陥があるものとして計算した」を削除した。	計算式が E_{max}（内部半導電層界面電界）の計算になっていることから説明文を削除した。
G.2		計算例について，絶縁厚低減を追加した。	品種の増加を反映させた。
G.3	表 G.6	500 kV ケーブルの異物・ボイド・半導電層突起の許容値例として，ボイド 20 μm，異物 50 μm，半導電層突起 50 μm を追加した。	500 kV ケーブルの許容値例については，前駆遮断などの技術的進歩により得られた知見を考慮した値であることを注記した。
G.3		計算例について，絶縁厚低減を追加した。	品種の増加を反映させた。
G.3	注記	半分という表記については，1/2 とした。	
H	接続部の異物・ボイド・半導電層突起試験	「このため単体部品の出荷時や，形成供試品の解体時に異物・傷・そのほかの異常有無について目視検査は行っているが，内部の異物・ボイド・半導電層突起を観察する手法は，一部の接続部単体部品をのぞき，まだ確立されていないものも多い。」を削除した。	1997 年改訂から状況としては変わっておらず，部品の種類によっては，実施が難しいというのが実態である。また，時期尚早という表現も適切ではないため削除した。

箇条	題名 [（　）は改正によって 削除された項目]	改正点	備考
H	（2．顕微鏡検査）	顕微鏡検査について削除した。	顕微鏡検査は，1997 年改訂時は多く存在したモールド絶縁式接続部について実施されたものであるが，近年その新規適用がないことから，この改正においては削除することとした。
I.1	試験時の温度	受入試験において試験温度（導体温度）を常温以上とした理由を追記した。	——
I.4	33 kV 以下の出荷製品の判定について	33 kV 以下のケーブルについて，当事者間協議となった背景を追記した。	——
J	500 kV 級ケーブル系統の過電圧解析モデルと解析結果	追加した。	500 kV ケーブルの試験電圧値決定のため，新たに 500 kV 系統の過電圧解析を行った。モデルの考え方及び係数の導出過程について記載した。

解説表2—主な改訂点（1997版）

箇条	題名 [（　）は改正によって 削除された項目]	改訂点
1	適用範囲	適用電圧範囲を「公称電圧 11 kV ～ 77 kV」から「公称電圧 11 kV ～ 275 kV」に拡大した。 500 kV は現場適用実績が少ないことから含めないこととした。
2	試験種別	国内外試験規格の調査結果を踏まえて「開発試験」,「形式試験」,「受入試験」の3種類に区別した。
3	寿命指数（n 値）	$n=9$ から $n=15$ に見直し，商用周波数における試験電圧値の算出に反映させた。テープ巻き式接続部については $n=12$ を採用した。
4	交流過電圧の電圧上昇倍数	有効接地系統では負荷遮断時に発生する過電圧を想定し $1.79/\sqrt{3}$ を採用した。
5	温度係数	JEC-208 及び JEC-209 では商用周波での試験における温度係数 K_2 を 1.1 としていたが，ケーブル及び接続部の破壊データ調査実績から 1.2 に見直しをした。
6	雷インパルスの繰返し課電に対する劣化係数	JEC-208 及び JEC-209 では，商用周波電圧との重畳による影響が未検証であったことから，繰返し課電に対する劣化係数 $K_1'=1.1$ を見込んでいたが，その影響のないことが検証されたため，雷インパルスの繰り返し課電に対する劣化係数を見込まないこととした。
7	雷インパルス耐電圧試験の電圧極性	JEC-0102：1994 や IEC Pub.840：1988 などに合わせて正負の両極性にて行うこととした。
8	受入試験における部分放電検出感度	受入試験における部分放電の検出感度を 5 pC とした。
9	開閉インパルス試験	開閉過電圧に対する性能は，雷インパルス耐電圧試験で検証可能であることから，この規格では開閉インパルス試験を規定しないこととした。 ただし，今後ケーブル系統に侵入する雷過電圧値が高性能避雷器の適用などにより低減されていった場合には，絶縁設計上開閉過電圧値を考慮する必要が出てくることも想定されるため，その際には，開閉過電圧に対する特性試験として開閉インパルス耐電圧試験の設定を行うことが必要である。
10	直流耐電圧試験	健全なケーブル部及び接続部においては，竣工時の直流耐電圧試験値程度の直流電圧を印加しても，性能に影響を与えないことが確認されたため，直流耐電圧試験を規定しないこととした。
11	異物・ボイド・半導電層突起試験	電気協同研究「CV ケーブルおよび接続部の高電圧試験法」にて推奨されている方法に準拠した。
12	定期的に実施する受入試験	形式認定された製品の性能が，形式認定以後も安定して維持されていることを詳細に確認するために，定期的に行う耐電圧試験及び異物・ボイド・半導電層突起試験について定めた。

4 標準化特別委員会名及び名簿

委員会名：特別高圧（11 kV ～ 500 kV）架橋ポリエチレンケーブルおよび接続部の
高電圧試験法標準特別委員会

委 員 長	海老沼康光	（湘南工科大学）		委　　員	西村　誠介	（日本工業大学）
幹　　事	秋谷　安司	（エクシム）		同	藤橋　芳弘	（東日本旅客鉄道）
同	高橋　芳久	（東京電力）		幹事補佐	髙橋　俊裕	（電力中央研究所）
同	田中　秀郎	（ビスキャス）		同	西川　哲	（ジェイ・パワーシステムズ）
同	長谷川隆章	（ジェイ・パワーシステムズ）		同	真下　展宏	（東京電力）
同	本山　英器	（電力中央研究所）		同	丸山　悟	（ビスキャス）
委　　員	雨谷　昭弘	（同志社大学）		途中退任幹事	石井　登	（ビスキャス）
同	大森　弘司	（九州電力）		同	土屋　信一	（東京電力）
同	高坂　秀世	（日本電線工業会）		同	渡辺　傑	（ジェイ・パワーシステムズ）
同	小林　真一	（中部電力）		途中退任委員	飯田　智雄	（関西電力）
同	近藤　雅昭	（日本電力ケーブル接続技術協会）		同	宍戸　義彦	（東北電力）
同	坂田　学	（東北電力）		同	寺本　正英	（電源開発）
同	坂出　博秋	（電源開発）		同	橋本　博	（東日本旅客鉄道）
同	佐々木英明	（電気事業連合会）		同	原田　真昭	（日本電線工業会）
同	関井　康雄	（関井技術士研究所）		同	森下　幸信	（中部電力）
同	曽我　学	（関西電力）		途中退任幹事補佐	相原　靖彦	（東京電力）
同	高橋　陽夫	（四国電力）		同	堀口　規昭	（ビスキャス）

5 標準化委員会作業会名及び名簿

作業会名：過電圧解析作業会

主　　査	本山　英器	（電力中央研究所）		委　　員	西川　哲	（ジェイ・パワーシステムズ）
幹　　事	高橋　俊裕	（電力中央研究所）		同	山本　隆喜	（関西電力）
同	真下　展宏	（東京電力）		主な協力者	金子　昌士	（東京電力）
同	丸山　悟	（ビスキャス）		同	宮崎　宏和	（東京電力）
委　　員	雨谷　昭弘	（同志社大学）		同	山田　剛史	（東京電力）
同	小川　友也	（中部電力）		同	吉村　貴広	（中部電力）
同	坂口　義則	（エクシム）		途中退任幹事	相原　靖彦	（東京電力）
同	下根　孝章	（関西電力）		同	堀口　規昭	（ビスキャス）
同	高橋　芳久	（東京電力）		途中退任委員	大西　靖孝	（関西電力）
同	中山　雄裕	（エクシム）		同	土屋　信一	（東京電力）

作業会名：改正原案作成作業会

主　　査	丸山　悟	（ビスキャス）		委　　員	西川　哲	（ジェイ・パワーシステムズ）
幹　　事	茂木　正也	（ビスキャス）		同	西島　慎二	（関西電力）
同	吉田　啓二	（東京電力）		同	東　良暢	（九州電力）
委　　員	小川　友也	（中部電力）		主な協力者	辻　貴章	（東京電力）
同	栗原　隆史	（電力中央研究所）		同	鈴木　公三	（ジェイ・パワーシステムズ）
同	坂口　義則	（エクシム）		同	中山　雄裕	（エクシム）

| 途中退任主査 | 堀口　規昭 | （ビスキャス） | 途中退任委員 | 関田　亨 | （九州電力） |
| 途中退任幹事 | 冨永　康博 | （ビスキャス） | 同 | 吉村　貴広 | （中部電力） |

6　部会名及び名簿

部会名：電線・ケーブル部会（電線・ケーブル標準化委員会）

部 会 長	土屋　信一	（エクシム）	委　　員	近藤　雅昭	（日本電力ケーブル接続技術協会）
幹　　事	坂口　義則	（エクシム）	同	鈴木　敏彦	（東日本旅客鉄道）
委　　員	饗場　潔	（東京電力）	同	高橋　芳久	（東京電力）
同	海老沼康光	（湘南工科大学）	同	西川　哲	（ジェイ・パワーシステムズ）
同	北田　慎	（関電工）	同	西村　誠介	（日本工業大学）
同	高坂　秀世	（日本電線工業会）	同	横山　繁嘉寿	（ビスキャス）

7　電気規格調査会名簿

会　　長	大木　義路	（早稲田大学）	2号委員	大和田野芳郎	（産業技術総合研究所）
副 会 長	塩原　亮一	（日立製作所）	同	高橋　紹大	（電力中央研究所）
同	清水　敏久	（首都大学東京）	同	上野　昌裕	（北海道電力）
理　　事	伊藤　和雄	（電源開発）	同	春浪　隆夫	（東北電力）
同	井村　肇	（関西電力）	同	水野　弘一	（北陸電力）
同	岩本　佐利	（日本電機工業会）	同	仰木　一郎	（中部電力）
同	太田　浩	（東京電力）	同	水津　卓也	（中国電力）
同	勝山　実	（東芝）	同	川原　央	（四国電力）
同	金子　英治	（琉球大学）	同	新開　明彦	（九州電力）
同	炭谷　憲作	（明電舎）	同	市村　泰規	（日本原子力発電）
同	土屋　信一	（エクシム）	同	留岡　正男	（東京地下鉄）
同	藤井　治	（日本ガイシ）	同	山本　康裕	（東日本旅客鉄道）
同	三木　一郎	（明治大学）	同	石井　登	（古河電気工業）
同	八木裕治郎	（富士電機）	同	出野　市郎	（日本電設工業）
同	八島　政史	（電力中央研究所）	同	小黒　龍一	（ニッキ）
同	山野　芳昭	（千葉大学）	同	筒井　幸雄	（安川電機）
同	山本　俊二	（三菱電機）	同	堀越　和彦	（日新電機）
同	吉野　輝雄	（東芝三菱電機産業システム）	同	松村　基史	（富士電機）
同	和田　俊朗	（電源開発）	同	吉沢　一郎	（新日鐵住金）
同	大山　力	（学会研究調査担当副会長）	同	吉田　学	（フジクラ）
同	中本　哲哉	（学会研究調査担当理事）	同	荒川　嘉孝	（日本電気協会）
同	酒井　祐之	（学会専務理事）	同	内橋　聖明	（日本照明工業会）
2号委員	奥村　浩士	（元京都大学）	同	加曽利久夫	（日本電気計器検定所）
同	斎藤　浩海	（東北大学）	同	高坂　秀世	（日本電線工業会）
同	塩野　光弘	（日本大学）	同	島村　正彦	（日本電気計測器工業会）
同	汗部　哲夫	（経済産業省）	3号委員	小野　靖	（電気専門用語）
同	井相田益弘	（国土交通省）	同	手塚　政俊	（電力量計）

3号委員	佐藤	賢	（計器用変成器）
同	伊藤	和雄	（電力用通信）
同	小山	博史	（計測安全）
同	金子	晋久	（電磁計測）
同	前田	隆文	（保護リレー装置）
同	合田	忠弘	（スマートグリッドユーザインタフェース）
同	澤	孝一郎	（回転機）
同	白坂	行康	（電力用変圧器）
同	松村	年郎	（開閉装置）
同	河本	康太郎	（産業用電気加熱）
同	合田	豊	（ヒューズ）
同	村岡	隆	（電力用コンデンサ）
同	石崎	義弘	（避雷器）
同	清水	敏久	（パワーエレクトロニクス）
同	廣瀬	圭一	（安定化電源）
同	田辺	茂	（送配電用パワーエレクトロニクス）
同	千葉	明	（可変速駆動システム）

3号委員	森	治義	（無停電電源システム）
同	和田	俊朗	（水車）
同	和田	俊朗	（海洋エネルギー変換器）
同	日髙	邦彦	（UHV国際）
同	横山	明彦	（標準電圧）
同	坂本	雄吉	（架空送電線路）
同	日髙	邦彦	（絶縁協調）
同	高須	和彦	（がいし）
同	池田	久利	（高電圧試験方法）
同	小林	昭夫	（短絡電流）
同	佐藤	育子	（活線作業用工具・設備）
同	境	武久	（高電圧直流送電システム）
同	山野	芳昭	（電気材料）
同	土屋	信一	（電線・ケーブル）
同	渋谷	昇	（電磁両立性）
同	多氣	昌生	（人体ばく露に関する電界、磁界及び電磁界の評価方法）

© 電気学会電気規格調査会 2015

電気学会 電気規格調査会標準規格

JEC-3408:2015　特別高圧(11 kV～500 kV)架橋
ポリエチレンケーブル及び接続部の高電圧試験法

2016年 5月10日　第1版第1刷発行

編　　者　電気学会電気規格調査会
発 行 者　田　中　久　米　四　郎

発　行　所
株式会社 電 気 書 院
ホームページ　www.denkishoin.co.jp
(振替口座　00190-5-18837)
〒101-0051　東京都千代田区神田神保町1-3 ミヤタビル2F
電話(03)5259-9160／FAX(03)5259-9162

印刷　互恵印刷株式会社
Printed in Japan／ISBN978-4-485-98983-8